はじめて
初心者でも **Illustrator** が使えるようになる入門書
イラレ

イラレ職人コロ

インプレス

イラレをはじめて使う人へ

イラレってすごく難しい？

Adobe Illustrator（アドビイラストレーター）、通称「イラレ」は、ロゴや印刷物などのデザインに長けたソフトです。30年以上も様々な分野のクリエイターに利用されており、本格的なデザイン制作をしたい人にオススメです。

一方で、初心者が挫折しやすいソフトでもあります。使いこなすにはたくさんの用語やツールを学ぶ必要があり、また、どこまで学べば良いのかもわかりにくいです。独学で挑むには高いハードルを感じるでしょう。

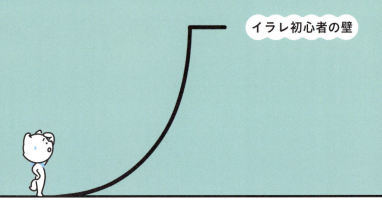

イラレ初心者の壁

まずは、ここまで登ろう

最初に**機能の全てを覚える必要はありません**。絶対に必要なのは全体の1割程度で、プロでも3割で充分と言われています。残りは必要に応じて覚えれば大丈夫です。

本書では、**絶対に必要な最低限の用語や機能**に絞り、初心者がつまずきがちな部分を主に解説していきます。

この本だけでプロにはなれません。しかし、1割の基本で実はいろいろなものが作れます。大きな壁に挫折する前に、「まずはここまで」を登りきりましょう。

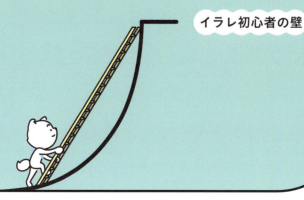

イラレ初心者の壁

この本について

本書は前半と後半に分かれています。前半は順番通りに読み進め、後半は興味のある章から読むと良いでしょう。

前半は基本を順番通り学ぶ

STEP
［ステップ］

前半は、イラレを使う上で覚えてほしい必修科目です。まずはSTEP1～5までを順番に読み進めて、最低限の基本操作を学びましょう。

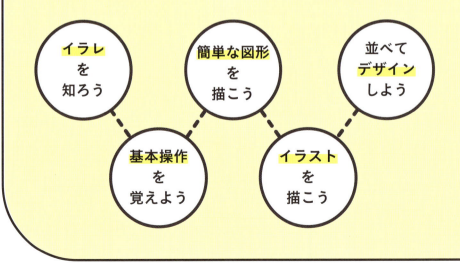

後半は知りたいことから覚える

SELECT
[セレクト]

後半は、前半の内容を掘り下げるための選択科目です。どこから読んでも問題ないので、興味のある章から読み進めましょう。

- **パス**を使いこなしたい！
- **テキスト**を使いこなしたい！
- 画像を配置したい！
- 表現の幅を広げたい！
- 印刷物を作りたい！

まず基本を順番に学ぶ

STEP 1 | イラレを知ろう
- 01 デザイン制作の流れ ——— 10
- 02 「パス」の仕組み ——— 12
- ▶ おさらいテスト ——— 20

STEP 2 | 制作を始める前に
- 03 新しいファイルを作る ——— 22
- 04 作業画面を知る ——— 30
- 05 表示位置を動かす ——— 39
- ▶ おさらいテスト ——— 40

STEP 3 | 図形に色をつけよう
- 06 簡単な形のパスを描く ——— 42
- 07 オブジェクトを「選択」する ——— 46
- 08 パスに色をつける ——— 51
- ▶ おさらいテスト ——— 60

STEP 4 | 図形を重ねて絵を描こう
- 09 オブジェクトを変形させる ——— 62
- 10 取り消す・コピー・消去する ——— 68
- 11 重ねる・まとめる ——— 72
- ▶ 作ってみよう！ ——— 78
- ▶ おさらいテスト ——— 80

STEP 5 | 文字と並べてデザインしよう
- 12 ファイルの準備をする ——— 82
- 13 テキストを作成する ——— 90
- 14 オブジェクトを整列する ——— 96
- ▶ 作ってみよう！ ——— 100
- ▶ おさらいテスト ——— 102

知りたいことから覚える

SELECT 1 パスを使いこなしたい！
- 15 パスの形を編集する ── 104
- ▶ 簡単な装飾を作ってみよう！ ── 107
- 16 機能でパスを加工する ── 112
- ▶ 簡単な装飾を作ってみよう！ ── 121
- 17 パスを自由に描く ── 122
- ▶ 曲線の練習をしてみよう！ ── 127
- ▶ ペンツールをマスターしよう！ ── 130

SELECT 2 テキストを使いこなしたい！
- 18 文字の余白を設定する ── 132
- 19 特殊なテキストを作成する ── 135

SELECT 3 画像を配置したい！
- 20 画像を配置する ── 140
- 21 画像を切り抜く ── 144

SELECT 4 表現の幅を広げたい！
- 22 塗りや線を重ねる ── 148
- 23 パターンを適用する ── 154
- 24 効果を適用する ── 158

SELECT 5 印刷物を作りたい！
- 25 印刷データはどう作る？ ── 164

ショートカットキー一覧 ── 171
INDEX ── 172

本書の前提

- 本書は「Adobe Illustrator」の操作方法について解説しています。ソフトウェアのインストール方法などはAdobe公式サイト（https://www.adobe.com/jp/）でご確認ください。
- 本書ではデスクトップ版「Adobe Illustrator」がインストールされているパソコンを前提に解説しております。iPad版など他の環境の場合、画面や操作、機能が異なる場合がございます。
- 本書で紹介する操作画面はMac版の「Adobe Illustrator CC2024」を元にしております。本書発行後に「Adobe Illustrator CC2024」が更新された場合、一部画面や操作が異なることがあります。予めご了承ください。
- 本書の内容はMacとWindowsの両方に対応していますが、解説内容はMac版を基準としています。Windows版で操作方法が異なる場合は、補足説明を入れております。キーボードの操作が異なる場合は（）内にWindows版を紹介しています。
- 本書では「Adobe Illustrator」のことを「イラレ」と記述しております。

解説動画に関して

本書には各章で紹介する操作方法などを説明した解説動画を用意しております。解説動画は各章の扉ページなどで掲載している二次元バーコードから視聴できます。紙面と動画の両方を見ることで、初めて「Adobe Illustrator」を触る方でも安心して学んでいくことができます。

SNSでの投稿に関して

本書を参考に作成した制作物に関しては、各種SNSに投稿いただいて構いません。ぜひ、「#はじめてイラレ」で練習成果を公開してください。ただし、P130のペンツール練習用イラストデータそのもののSNSでの投稿、二次配布等は禁止いたします。詳細はP130をご確認ください。

STEP 1

イラレを知ろう

MISSION

<u>イラレの特徴と基本用語を知る</u>

☐ デザイン制作の流れ
☐ 「パス」の仕組み

動画でも
確認しよう！

01

STEP 1 イラレとは

イラレってどんなソフトなの？
デザイン制作の流れ

イラレではどのようにデザインを作成していくのか。
基本的な用語と仕組みを説明します。

「オブジェクト」って何？

イラレは「パス」「テキスト」「画像」の3種類の部品を組み合わせてデザインを作成します。これらを総称して「**オブジェクト**」と呼びます。

「オブジェクト」は3種類

パス
丸や四角、直線から曲線まで自在に表現できます。

テキスト
文字を入力し、大きさやフォントなどを設定できます。

画像
他のソフトで用意した写真やイラストなどを配置できます。

「福笑い」のように部品を重ねる

オブジェクトはそれぞれを独立して動かすことができる部品です。お正月に遊ぶ「福笑い」のように、様々な形の部品を重ね合わせてデザインを制作していくのがイラレというソフトです。

ブラシなどで繊細な絵を描くペイントソフトとは全く異なる仕組みです。

02 「パス」の仕組み

飾りやイラストを作成する

オブジェクトの1種である「パス」について
どんなことができて、どう作るのかを解説します。

STEP 1 イラレとは

イラレで描く図形はぜんぶ「パス」

イラレで描いた四角や線などを「**パス**」と言います。シンプルなロゴから細やかなイラストまで、基本的に全てパスを組み合わせて作成します。

組み合わせて
デザインする

パスは「一筆書き」
できる形が基本です。

イラストを描く流れ

例えばイラレでリンゴのイラストを描く場合、大きく3つの工程があります。

❶ 形を作る

四角や丸、直線などはもちろん、自由に曲線を描いたり、図形同士を合体させたりもできます。

❷ 色を設定する

線や線で囲われた範囲の色を設定することで、リンゴの実のパーツができあがります。

❸ 組み合わせる

葉などのパーツも同様に作成し、並べることで完成です。

02 「パス」の仕組み

① 形を作る

イラレでは様々な形状のパスを描けます。そしてそれらは全て、**いくつかの「点」を「線」で繋ぐ**ことで構成されています。

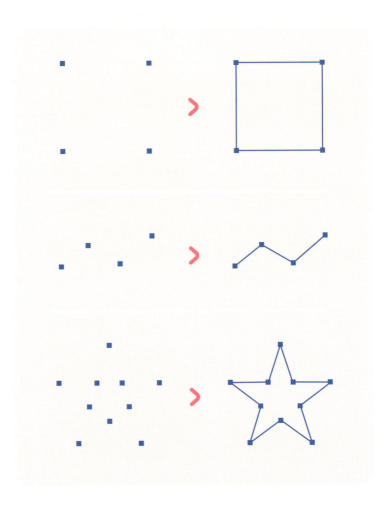

パスのイメージと特徴

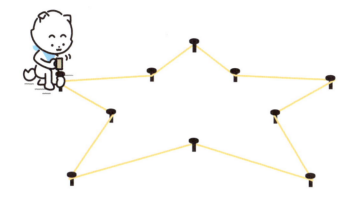

板にピンを打ち込み、1本のゴム紐で結んでいる様子をイメージしてください。ピンが「点」で、ゴム紐が「線」。これを上から見たものがパスです。

ピンの位置や数を変更することで、後からいくらでも形を整えることができます。そのため**フリーハンドで線を描くより美しい線が描きやすく、後からの修正にも強い**のがパスの特徴です。

02 「パス」の仕組み

> パスの作り方

代表的なパスの作成方法は、以下の3種類です。

STEP 1 イラレとは

基本図形（長方形ツールなど）
四角形や丸、直線など、基本的な図形を描けます。本書の前半では主にこの方法を使用します。

手書き（鉛筆ツールなど）
マウスやペンタブレットを用いて、手書きで作図できます。

点と線を作成（ペンツール）
下図のように「点」を1つずつ繋いで描く方法。複雑な形も美しく柔軟に描けますが、練習が必要です。

 ＞  ＞

> パスを加工する

パスは1から描く以外にも、パス同士を合体させたり、点の位置を動かしたりすることでも作成できます。様々な機能を使いこなし、効率的に作図していきましょう。

合体させる
複数のパスを合体させて新たなパスを作成できます。

パスを編集
パスの点の位置や線の曲がり方を編集できます。

加工する
特殊な機能でパスを尖らせたり、歪ませたりもできます。

> 詳しくは本書の後半で説明します。

02 「パス」の仕組み

❷色を設定する

描いたばかりのパスは白黒です。設定で色を変更できます。パスで囲まれた範囲の色を「塗り」、輪郭の色を「線」と言います。

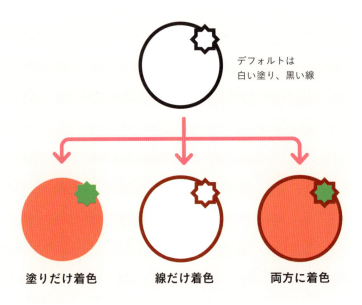

線は色だけでなく、線の太さも調整できます。

このように形を作り、色を決めて、パスはできあがっています。それらを組み合わせることで、装飾やイラストを描いていきます。

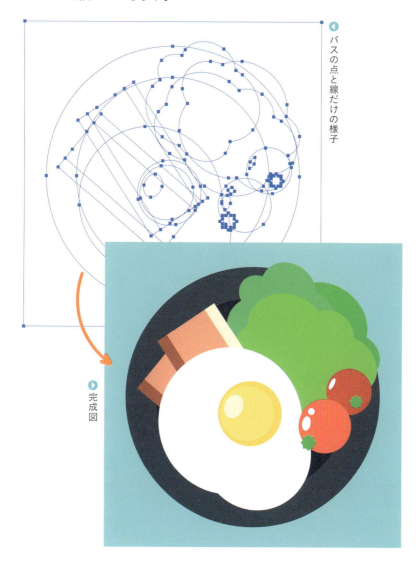

パスの点と線だけの様子

完成図

おさらいテスト

デザインを構成する図形やテキストなどの部品を

まとめて [1] といい、

そのうち図形のことを [2] と言う。

この図形は点を線で結ぶことで形を作り、

色は [3] と [4] の

2つを設定する。

今後ずっと使う重要な言葉なので、
しっかり覚えていきましょう！

【答え】1：オブジェクト 2：パス 3：塗り 4：線

STEP 2

制作を始める前に

MISSION

ファイルを準備し
画面の見方と操作を覚えよう

- ☐ 新しいファイルを作る
- ☐ 作業画面を知る
- ☐ 表示位置を動かす

動画でも
確認しよう！

03 新しいファイルを作る

さっそくイラレを開いてみよう！

まずはイラレを起動し、新しいファイルを
用意するまでの流れを説明します。

STEP 2 制作前に

ファイルを作成する

まずは作業するためのファイルを作成します。イラレを起動すると下図の「**ホーム**」画面が開きます。ファイルを作成するには、画面左上の「新規ファイル」を押します。

ホーム画面はイラレの玄関のようなもの

> 作るものの設定をする

次に表示される「新規ドキュメント」は、制作物の種類（印刷物かWebか）やサイズなどを決める画面です。

画面右から細かく設定もできますが、今回はあらかじめ用途別に用意された設定「プリセット」を使用します。❶タブから「Web」を選択し、❷プリセットを選び、❸「作成」をクリックしてください。

❶ タブから制作物のジャンルを選択

❷ プリセットを選ぶ
青い枠がついているプリセットが使用されます。ここでは、Webの共通項目のプリセットを選択しました。

「作成」をクリック ❸

03 新しいファイルを作る

こんな画面になればOK!

このような画面が表示されたなら、ファイル作成は成功です。これが実際にデザインを作成するための作業画面「**ワークスペース**」になります。

Macの画面

OSによって見た目は微妙に違います

Windowsの画面

ファイルを保存する

作成したファイルは忘れないうちに保存をしましょう。画面左上にある「**ファイル**」メニューを開き、「**保存**」をクリックしてください。

保存したファイルを閉じるには

ファイルを閉じる時は左上のタブにある×印をクリックしてください。

03 新しいファイルを作る

> 保存の設定をする（初回のみ）

下記の画面でファイルの保存場所と名前を設定します。今回は「Creative Cloudに保存」を選び、ファイル名を入力して保存してください。これで保存は完了です。

❶ Creative Cloudに保存

❷ ファイル名を入力

2回目以降の保存では、これらの画面は表示されません。

❸ 保存

STEP 2 制作前に

クラウド保存とPC保存

「Creative Cloudに保存」を選ぶと、Adobeのクラウドサーバー内にファイルが保存されます。一方で「コンピューターに保存」はPC内に保存されます。

基本的にクラウド保存の方が多機能で便利です。しかし会社内でファイルを保管したり、印刷会社など外部とやりとりする際にはPC保存を使用します。用途に合わせて使い分けてください。

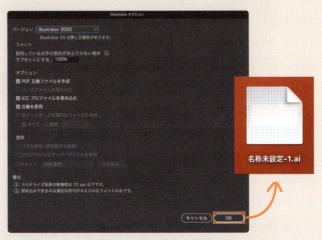

PC保存は上図のオプションが表示されますが、基本はそのままでOK

イラレのファイルの「バージョン」を変更する時は、PC保存でオプションから行います。

03 新しいファイルを作る

STEP 2 制作前に

保存したファイルを開く

保存完了後はソフトを終了しても大丈夫です。クラウド保存したファイルは、ホーム画面の「自分のファイル」などから開けます。

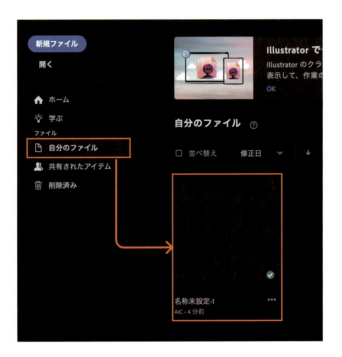

ホームに戻るには
ワークスペースからホームに戻るには、画面左上の家のアイコンをクリック。

初期設定になっているかを確認！

次から具体的な操作や画面の見方を説明しますが、本書では **Illustratorは初期設定が前提** です。

インストールしてすぐなら初期設定なのでそのままで問題ありません。しかし、初期設定から変更している場合は、画面の見え方が異なる場合があります。

初期設定に戻すには、画面上のメニューから **「ウィンドウ＞ワークスペース＞初期設定」** をクリック。その後に下にある「初期設定をリセット」をクリックしてください。

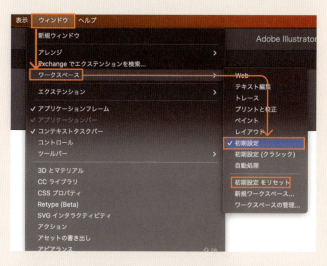

「初期設定」だけで戻る場合もありますが、「初期設定をリセット」すると必ずデフォルトの初期画面に戻ります。

04 機能が多くて覚えられない…となる前に
作業画面を知る

膨大な数の機能をいきなり覚えるのは大変です。
まずはエリアごとの役割を覚えましょう。

STEP 2 制作前に

画面は4つに分けて覚える

イラレは機能が多く複雑に見えますが、ワークスペースを大きく4つのエリアに分け、それぞれにどんな特徴があるかを覚えると、必要な機能を探しやすくなります。

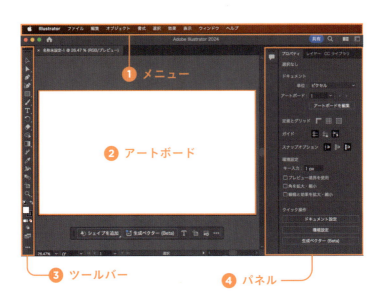

① メニュー
② アートボード
③ ツールバー
④ パネル

4つのエリアの役割

各エリアの役割は、実際にデザインを描く「紙」や、ペンやハサミが収められた「道具箱」など、以下のように例えることができます。

① メニューは「作業部屋」

ソフトやファイル全体の設定などはここから行います。

② アートボードはデザインを描く「紙」

中央の白いエリアにデザインを作成していきます。

③ ツールバーは「道具箱」

実際にオブジェクトを作成する道具はだいたいここ。

④ パネルは「パレット」

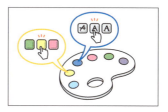

描いたオブジェクトの色や形の細かな調整ができます。

04 作業画面を知る

① メニューは「作業部屋」

画面上のバー「**メニュー**」はファイルの保存や、表示設定など、主にソフト全体に関する機能が多いです。

例えるなら、制作者の作業部屋そのもの。道具の配置を決めたり、制作したものや資料を出し入れできます。

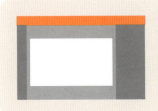

主な使い方

ファイルの保存
ソフトなどの設定
オブジェクトの操作

❷ アートボードは「紙」

画面中央の白いエリアを「**アートボード**」といいます。こことその周囲にオブジェクトを配置できます。

大きな作業机と、そこに置かれた真っ白な紙だと思ってください。ここにデザインを作成していきます。

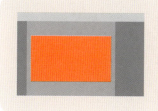

主な使い方

デザインの作成
作りかけのパーツの保管

04 作業画面を知る

STEP 2 制作前に

❸ ツールバーは「道具箱」

画面左のアイコン群が「**ツールバー**」です。オブジェクトを作成するためのツールが収納されています。

線を描くペンや紙を切るハサミなど、様々な道具が収納されている道具箱のようなイメージです。

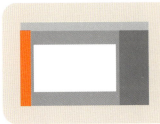

主な使い方

パスやテキストの作成
オブジェクトの加工

ツールバーの表示切り替え

ツールバーは下図のように、表示を1〜2列で並び替えができます。ツールの中身は同じなので、使いやすい方を選んでください。

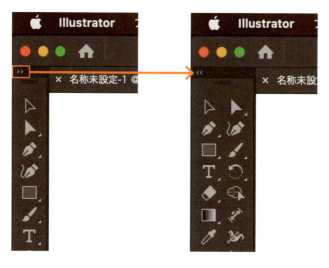

上部の「＞＞」で列数を切り替え

慣れてきたら「詳細」に切り替え

初期設定のツールバーでは、よく使うツールのみが表示される「基本」の設定です。全てのツールを表示したい場合は**「ウィンドウ＞ツールバー＞詳細」**で切り替えてください。（本書は「基本」で説明します）

04 作業画面を知る

❹ パネルは「パレット」

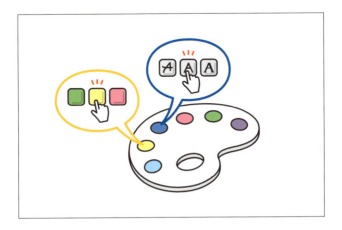

画面右のエリアが「**パネル**」です。作成したオブジェクトの色やフォントなど、細かな設定が編集できます。

例えるなら絵を描くためのパレットです。絵の具を用意し混ぜたりして使うことができます。

主な使い方

オブジェクトの管理
色やフォントなどの設定

パネルにはたくさんの種類がある

初期設定でパネルは「プロパティ」や「レイヤー」などしか表示されていませんが、例えば色を作る時は「カラー」、文字の設定は「文字」など、役割ごとに多くのパネルがあります。

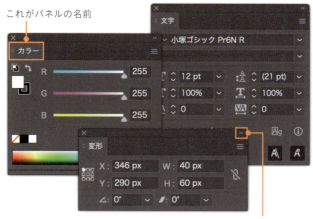

これがパネルの名前

パネル名の横の矢印で、一部機能を非表示も可能

初期設定以外のパネルは「ウィンドウ」メニューの中に格納されています。必要に応じて表示してください。

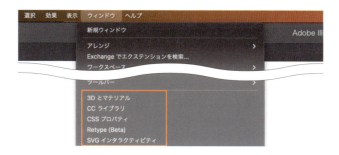

04 作業画面を知る

基本操作は「プロパティ」にお任せ

最初から表示されている「プロパティ」パネルには、現在の操作に合わせてよく使う機能が抜粋表示されます。

パスの編集時にはパスに関連した機能が、テキストの編集時にはフォントなどの設定が表示されます。

基本的な操作はプロパティだけでほぼ行えるので、たくさんのパネルを表示せず画面をスッキリと使えます。

STEP 2 制作前に

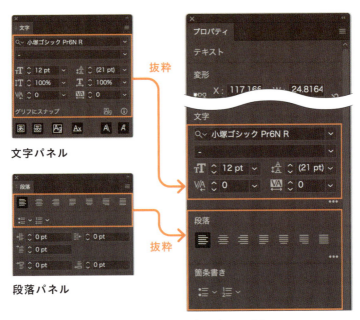

本書は主にプロパティを使って説明していきます。

見やすい位置で作業しよう
表示位置を動かす

アートボード上で表示サイズを拡大縮小したり、表示位置を動かしたりする方法を説明します。

画面をズーム表示するには「ズームツール」を、表示位置の移動には「手のひらツール」を使用します。

ズームツール
クリックした部分にズームインできる機能。Option（Alt）キーを押しながらクリックでズームアウト。

手のひらツール
アートボード上をドラッグすると画面の表示位置を移動できる。
他のツール使用時でも、Spaceキーを押している間は一時的に手のひらツールにできます。

おさらいテスト

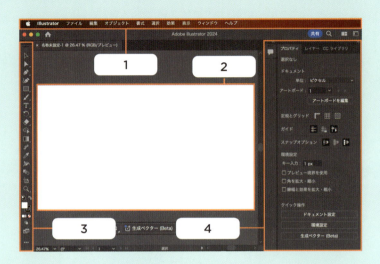

保存や設定などは画面上の [1] から行い、

デザインは [2] の上に制作する。

オブジェクトを作成する機能は [3] で、

色やフォントなどの設定は [4] から行う。

だいたいの「役割」をつかめると、
使いたい機能を探しやすくなります！

【答え】1：メニュー　2：アートボード　3：ツールバー　4：パネル

STEP 3

図形に色をつけよう

MISSION

簡単な形のパスを描き
塗りと線の色を設定しよう

☐ 簡単な形のパスを描く
☐ オブジェクトを「選択」する
☐ パスに色をつける

▶ 動画でも
確認しよう！

ツールバーを使って
簡単な形のパスを描く

四角形や丸、直線などよく使う形の
パスを作成する練習をしましょう。

STEP 3 図形と色

パスを作成するには

ツールバーから図形を描くツールを選び、アートボードの上でドラッグすることでパスを作成できます。まずは四角形などの簡単な形を描いてみましょう。

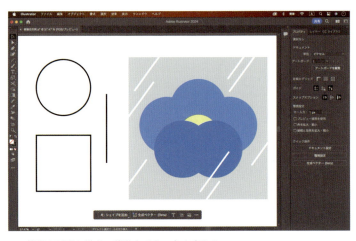

簡単な図形を描く・移動させる・色を変える。
この章ではこの3つを練習します。

四角形を描く

四角形を描くには「**長方形ツール**」を使用します。
❶ツールバーから「長方形ツール」をクリックし
❷アートボードの上で斜めにドラッグしてください。
すると長方形のパスが作成できます。

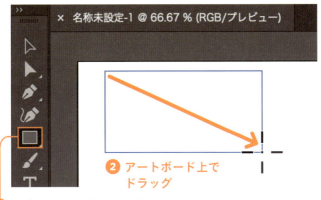

❷ アートボード上で
　ドラッグ

❶ 長方形ツールをクリック

キーボードの **Shiftキーを押しながら** ドラッグすると、図形が強制的に正方形になります。

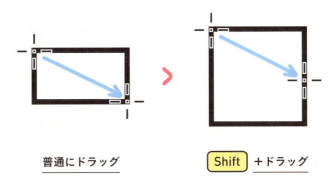

普通にドラッグ　　　　　Shift ＋ドラッグ

06 簡単な形のパスを描く

長方形以外の図形を描く

「長方形ツール」の**アイコンを長押し**すると、長方形以外の図形を描くためのツールが表示されます。描きたい図形のツールを選んで切り替えましょう。

❶ 長方形ツールを長押し

❷ 「楕円形ツール」をクリック

アイコン隅の三角が「長押し」の目印

長押しできるアイコンには、右下に三角の印があります。そのツールに関連したツールが1つに束ねられています。

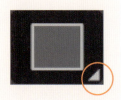

楕円形・直線を描く

「**楕円形ツール**」「**直線ツール**」を使ってみましょう。「長方形ツール」と同じ使い方で、通常のドラッグと、Shiftキーを押しながらドラッグを試してください。

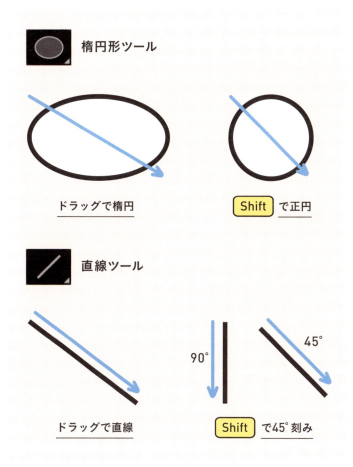

07

動かしたり色を変えたりするには？

オブジェクトを「選択」する

オブジェクトを編集するために必要な「選択」という操作について説明します。

STEP 3
図形と色

何をするにもまず「選択」

オブジェクトを作成した直後や、**「選択ツール」**でオブジェクトをクリックすると、下図のようにパスの輪郭と青い枠が表示されます。これが**選択**状態です。

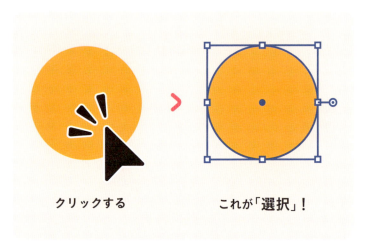

クリックする　　　これが「選択」！

物を移動させるには先に手でつかむ必要があるように、オブジェクトの色や位置などを変更するには、必ず選択をする必要があります。

オブジェクトを選択する

「選択ツール」はツールバーの一番上にあります。描いた丸や四角を選択してみましょう。

※下に表示される横長のバーについては後述

選択を解除するには

他のオブジェクトを選択するか、何もない場所を「選択ツール」でクリックすると選択は解除されます。

07 オブジェクトを「選択」する

オブジェクトを移動させる

「選択ツール」で選択し、そのままドラッグすると、オブジェクトを移動させることができます。

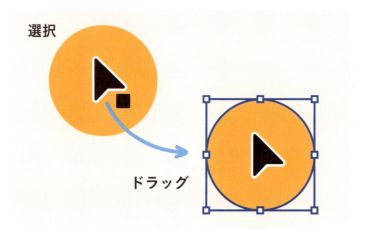

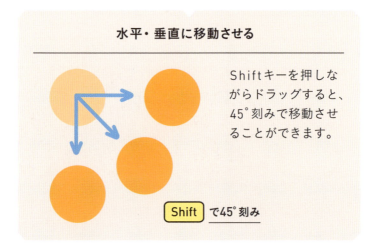

水平・垂直に移動させる

Shiftキーを押しながらドラッグすると、45°刻みで移動させることができます。

Shift で45°刻み

選択すると出てくる謎のバー

オブジェクトを選択すると、下に横長のバーが表示されます。これは「**コンテキストタスクバー**」といいます。プロパティパネル（P38）をさらにコンパクトにしたものだと思ってください。

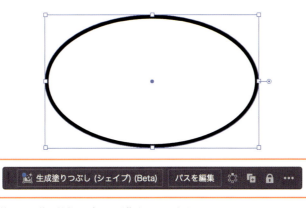

特によく使う機能のボタンが集まっています。

バーが邪魔な時は

操作の邪魔になる場合は、バー左の部分をつかむことで移動させたり、バー右の「…」から非表示もできます（再表示させるには、**ウィンドウ＞コンテキストタスクバー**をチェック）。

07 オブジェクトを「選択」する

複数オブジェクトを選択する

「選択ツール」でオブジェクトを複数選択することもできます。複数選択すると、移動などを同時に行えます。

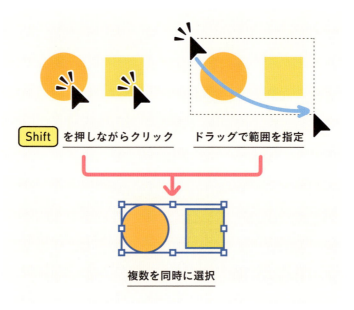

Shiftキーを押しながらオブジェクトをクリックすることで、個別に選択を解除します。

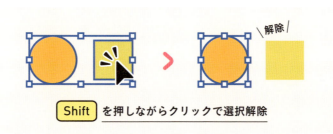

08 パスに色をつける

カラフルな図形を描こう！

パスの色や線の太さなどを
プロパティパネルから編集する方法を説明します。

パスの見た目の設定

オブジェクトを選択すると、「**アピアランス**」がプロパティに表示されます。アピアランスは「見た目」という意味で、パスの見た目に関する設定のことです。

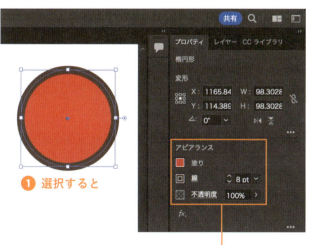

❶ 選択すると

❷ 「アピアランス」が表示

08 パスに色をつける

アピアランスの使い方

アピアランスでは「塗り」と「線」、「線幅」(線の太さ)、「不透明度」などを設定できます。

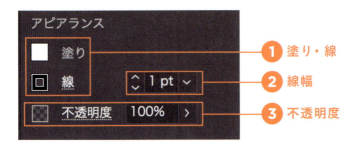

① 塗り・線
② 線幅
③ 不透明度

① 塗り・線

アピアランスパネル左❶にある四角いアイコンが、選択中のパスの塗りと線の色です。

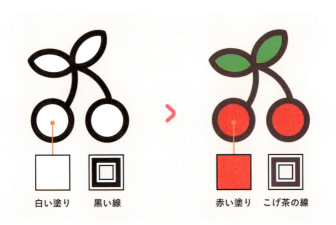

白い塗り　黒い線　　赤い塗り　こげ茶の線

② 線幅

パスの輪郭の線の太さのことを「線幅」と言います。数値が大きくなるほど線が太くなります。

数値は左右の矢印から操作するか、直接入力してください

③ 不透明度

不透明度を調整することで、パスを半透明にできます。通常は100％で、数値が下がるほど透明になります。

例：氷のパスの不透明度を下げていく

08 パスに色をつける

色を変更するパネルを開く

アピアランスの塗りや線のアイコンをクリックすると、色を設定するパネルが表示されます。「**スウォッチ**」と「**カラー**」で色を変更しましょう。

色を変更するアイコンをクリック

スウォッチ　カラー

上部のボタンでパネル切り替え

「スウォッチ」から色を選ぶ

スウォッチは「見本」という意味で、色を見本として保存・使用するパネルです。パスを選択中にパネル内の色をクリックすることで、塗りや線の色を変更できます。

クリックで色を変更

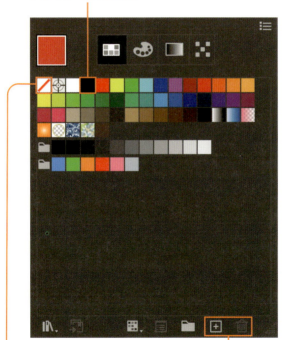

スウォッチを保存・削除

色を「なし」にする
赤い斜線のスウォッチで色は「なし」の状態になり、塗りや線が無色透明になります。

塗り「なし」

線「なし」

08 パスに色をつける

「カラー」で色を作る

選択オブジェクトの色を細かく調整するには、カラーパネルを使用します。以下の3つの方法から、自由に色を作ることができます。

❶ 色を混ぜ合わせる
❷ カラーコードを入力
❸ クリックで直接選ぶ

❶で色を作るのはちょっと慣れが必要です。焦らず練習していきましょう。

1 色を混ぜ合わせる

数色を混ぜ合わせて、新しい色を作ることができます。
数値もしくはスライダーで色の強さを調整します。

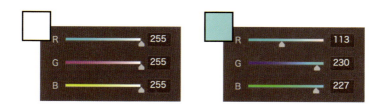

Rを大きく減らし、それ以外を少し減らすと水色に

3本のスライダーは「**RGB**」、つまりR（レッド）・G（グリーン）・B（ブルー）の色の強さです。下図のように、3色の組み合わせで色を表現します。

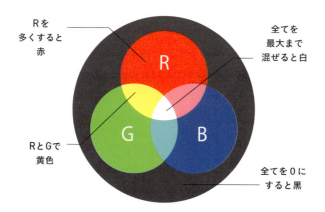

いわゆる「光の三原色」です。絵の具ではなく、3色のライトをイメージ。光が少ないほど暗く、多いほど明るくなります。

08 パスに色をつける

カラーコードとは、色を#と6桁の英数字で指定する表記法です。コードを入力することで色を再現できます。

コードを入力すると　　　　　色が再現される

クリックした場所の色をそのままパスに適用します。

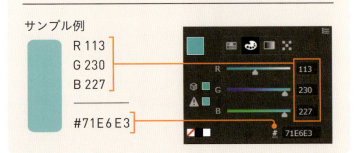

色をコピーする

同じ色を他のオブジェクトにも使いたい場合は、ツールバーの「**スポイトツール**」を使いましょう。

① 色を変更したいパスを選択

② 「スポイトツール」に切り替え

③ 使いたい色のパスをクリック

手軽に色をコピーしたい時はスポイト。写真から色を取りたい時も活躍します。

おさらいテスト

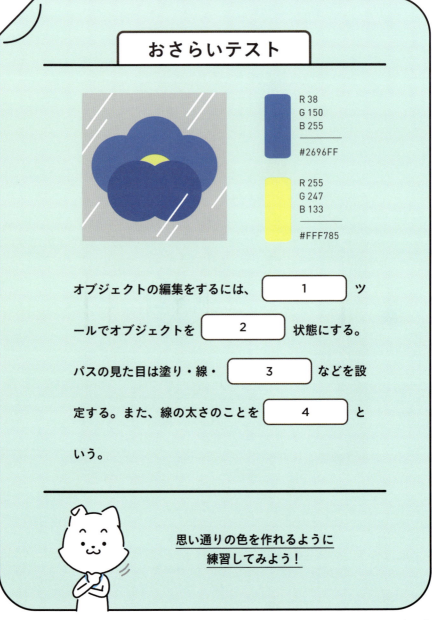

オブジェクトの編集をするには、　1　　ツールでオブジェクトを　2　　状態にする。

パスの見た目は塗り・線・　3　　などを設定する。また、線の太さのことを　4　　という。

思い通りの色を作れるように
練習してみよう！

【答え】1：選択　2：選択　3：不透明度　4：線幅

STEP 4

図形を重ねて絵を描こう

MISSION

オブジェクトの変形や
重ねる操作を覚える

☐ オブジェクトを変形させる
☐ 取り消す・コピー・消去する
☐ 重ねる・まとめる

動画でも
確認しよう！

09

思い通りの形を作ろう！
オブジェクトを**変形**させる

拡大・縮小や回転など
オブジェクトを変形させる方法を説明します。

拡大や回転させる

オブジェクトを一度でピッタリの大きさや形にするのは大変です。拡大や回転で調整しながら、理想の形を描きましょう。

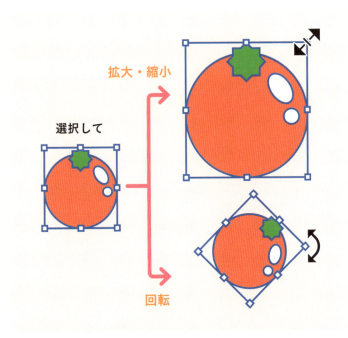

バウンディングボックスとは

選択で表示される青い枠を「**バウンディングボックス**」と言います。このボックスを操作することで、拡大や回転といった変形ができます。

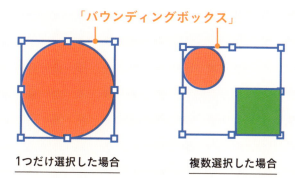

「バウンディングボックス」

1つだけ選択した場合

複数選択した場合

選択オブジェクトによってボックスには細かな違いがあり、固有の設定や変形ができる場合や、ボックスが表示されない場合もあるので覚えておきましょう。

テキストは下に余白あり

直線ツールの線はボックスなし

ちなみにボックスの色はレイヤー（P86）ごとに色分けされているので、青とは限りません。

09 オブジェクトを変形させる

> 拡大・縮小する

ボックス周囲の白い四角に選択ツールを合わせると、矢印の形状が変化します。その状態で矢印の方向にドラッグすると、オブジェクトが拡大・縮小されます。

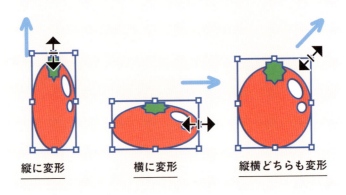

縦に変形　　横に変形　　縦横どちらも変形

また、Shiftキーを押しながらドラッグすると、縦横の比率を維持したまま拡大・縮小できます。

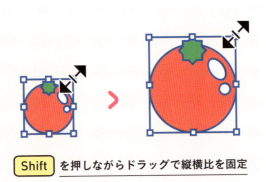

Shift を押しながらドラッグで縦横比を固定

パスは無限に拡大できる？

jpgなどの一般的な画像はピクセルと言う小さな点の集合体（ラスター画像と言います）のため、拡大するとどうしてもぼやけた見た目になってしまいます。

しかしパスは点と点を線で結ぶという計算で描く（ベクター画像）ため、拡大・縮小を繰り返してもくっきりした見た目を維持できます。また、サイズを大きくしてもデータ量があまり変化しないという特徴もあります。

そのためデザインを調整する上でとても扱いやすく、ロゴなどは名刺からポスターまで様々な用途で使用されるため、パスで作成されることが一般的です。

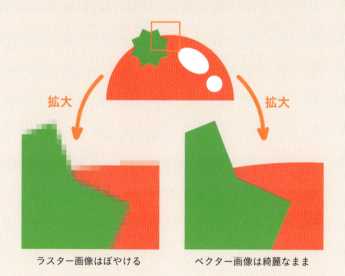

09 オブジェクトを変形させる

> 回転する

拡大・縮小の時と同様に、選択ツールを白い四角に合わせ、下図のように少しだけ外側にずらします。カーソルの矢印が曲線状に変化した時にドラッグするとオブジェクトを回転できます。

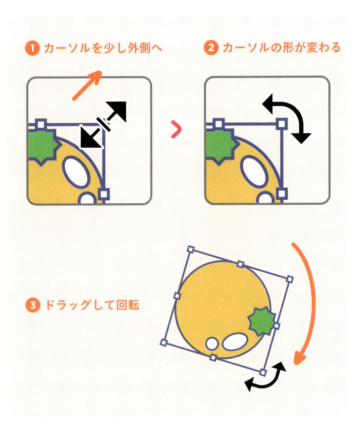

また、Shiftキーを押しながらドラッグすると45°、90°と切りの良い角度ごとに回転ができます。

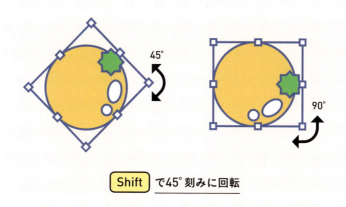

オブジェクトが小さすぎる時は回転のカーソルが表示されにくいので、画面をズーム(P39)しましょう。

10 取り消す・コピー・消去する

地味だけどよく使う！

オブジェクトの複製など
変形以外の基本的な操作を説明します。

基本操作をマスターしよう

「**取り消し・やり直し**」、「**コピー・ペースト**」、そして「**消去**」の3つを覚えれば、オブジェクトの基本操作はバッチリです。この先に何度も使うので、しっかり覚えておきましょう。

STEP 4 絵を描く

操作の取り消し・やり直し

オブジェクトの操作に失敗した時は、「編集」メニューの「**取り消し**」で元の状態に戻すことができます。対して「**やり直し**」は取り消した操作を再現します。

「拡大・縮小の」の部分は直前の操作名が入ります。

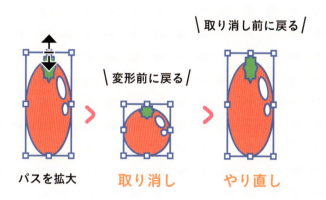

取り消しは続けて使うとさらに前の状態に戻せますが、回数には限りがあります。また、一度ファイルを閉じると取り消しできなくなるので注意してください。

10 取り消す・コピー・消去する

複製する

オブジェクトを選択し、メニューから「**編集＞コピー**」をクリック。続けて「**編集＞ペースト**」するとアートボード上に複製が作成されます。

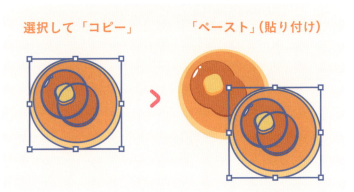

選択して「コピー」　　「ペースト」(貼り付け)

コンテキストタスクバー（P49）の「オブジェクトの複製」ボタンだと、ワンクリックで同じ位置にコピー＆ペーストできます。

> 消去する

「**編集＞消去**」もしくはキーボードの「delete」で、選択オブジェクトを消去できます。消去したものは「取り消し」で復元できますが、それ以外では戻せないので注意してください。

よく使う機能は「ショートカットキー」を覚えよう

上記の「消去」のように、一部の機能はキーボードから素早く使用できます。キーはメニューの右側や、ツールバーに表示されるヘルプに記載されています。

例えば、⌘（WindowsはCtrl）とCを一緒に押すと「コピー」。⌘（Ctrl）とVで「ペースト」ができます。

※Macの場合、記号が意味するキーは以下の通りです。

⌘ …command　⌥ …Option　⇧ …Shift

11 重ねる・まとめる

複数オブジェクトの操作で便利！

複数のオブジェクトを組み合わせて使う際に覚えておきたい操作を説明します。

STEP 4　絵を描く

順番を入れ替える

複数のオブジェクトを重ねた時、新しく作成された方が手前に表示されます。この前後の順番を**「重ね順」**といい、重ね順を入れ替えることでオブジェクトの表示順を変更することができます。

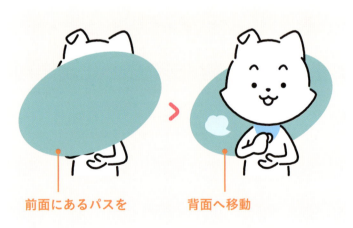

前面にあるパスを　　背面へ移動

イラレでは手前側を「前面」、奥側を「背面」といいます。

重ね順を変更するには

まずオブジェクトを選択し「**オブジェクト＞重ね順**」、もしくはプロパティパネルのクイック操作の「重ね順」から移動先を選ぶことで重ね順を変更できます。

| プロパティパネルの場合 |

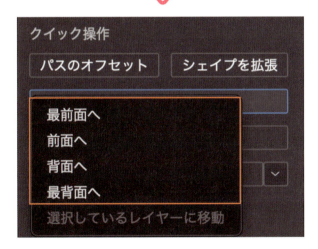

「前面へ」で1つ手前に、
「最前面へ」でレイヤー（P86）の中で
一番手前に移動します。

11 重ねる・まとめる

「グループ」にまとめる

オブジェクトの数が増えてくると、特定のものだけを選択するのが大変になります。そんな時は、ある程度のかたまりごとに「グループ」にまとめましょう。

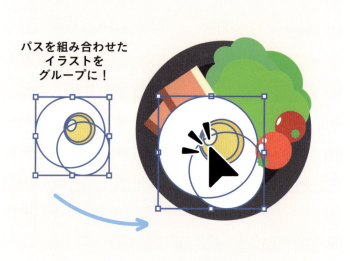

グループにすると、以後は1つのオブジェクトのように繋がった状態になります。1度でまとめて選択できるようになるので、上図のようにたくさんのパスを重ねても編集しやすくなります。

グループにした後で、さらに他のオブジェクトとグループにもできます。

オブジェクトをグループにする

複数オブジェクトを選択し、コンテキストタスクバーやプロパティパネルのクイック操作から「グループ」ボタンをクリックするとグループにできます。

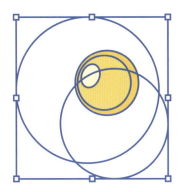

コンテキストタスクバーの場合

グループを解除する

あくまでグループは「仮止め」で、完全に繋がったわけではありません。「グループ解除」でバラバラの状態に戻すこともできます。

「グループ」適用後はボタンが「グループ解除」に変わります。

11 重ねる・まとめる

グループの中のオブジェクトを編集したい時

グループの中の特定のオブジェクトを編集したい時は、グループをダブルクリックしてください。「グループ編集モード」になります。

トマトを
ダブルクリック

グループ編集モードへ

グループ以外が半透明になり、ファイル名の下にバーが表示されます。

STEP 4 絵を描く

グループ編集モードでは、グループ内のオブジェクトを個別に選択・編集できるようになります。なお、グループ外のオブジェクトは選択できません。

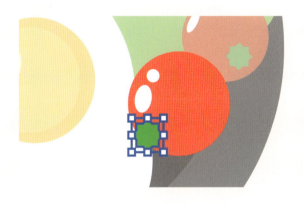

グループ編集モードを終了する

編集を終了して元の画面に戻るには「esc」キーを押すか、上に表示されたバーの左矢印を押してください。

作ってみよう！

次のページのヒントを参考に、
四角形と楕円だけで
簡単なイラストを描いてみましょう。

ベーコンは
長方形を並べるだけ。
簡単。

お皿は
正円の線幅を太くして
描いています。

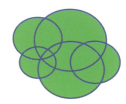

トマトのヘタは正方形を2つ重ね、片方を
45度回転させています。レタスは楕円を
たくさん並べているだけです。

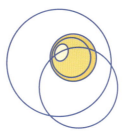

白身は正円を2つ並べているだけです。黄
身は円ごとに色を変更するか、白い円を重
ねて不透明度を下げても良いです。

おさらいテスト

オブジェクトを変形するには、選択時に表示される

　　1　　を操作する。

取り消しやコピー、消去などのよく使用する機能は、

キーボードから操作できる　　2　　を覚える。

オブジェクトの前後の順番を　　3　　と言う。

複数のオブジェクトを1つにまとめた状態にする機能

を　　4　　と言う。

スムーズに使えるように
練習しておこう！

【答え】1：バウンディングボックス　2：ショートカットキー　3：重ね順　4：グループ

STEP 5

文字と並べてデザインしよう

MISSION

オブジェクトをレイアウトして
デザインを完成させる

☐ ファイルの準備をする
☐ テキストを作成する
☐ オブジェクトを整列する

動画でも
確認しよう！

12 実際にデザインを制作するために
ファイルの準備をする

制作物に合わせてアートボードのサイズなどを設定できるようになりましょう。

アートボードの設定をする

新規ドキュメント（P23）の「プリセットの詳細」から、制作物のサイズなどを設定できます。今回は1辺1200pxの正方形のバナーを想定して解説します。

「プリセットの詳細」

こういう画像を作ります

アートボードのサイズを変更する

プリセットの詳細の設定は、「画像」と「印刷物」のどちらを作るかでほぼ決まります。特に理由がなければ、制作したいものに近いプリセットを選び、アートボードの幅と高さを変更すれば問題ありません。

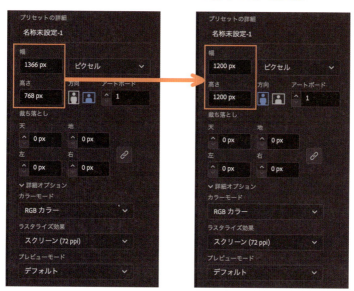

サイズ以外の設定は、「Web」や「印刷」などのプリセットのまま使えます。

12 ファイルの準備をする

プリセットの詳細の解説

ファイルの設定を間違えると、色が想定と異なるなど、適切な画像や印刷物が作れない場合があります。一般的な制作物に使われる設定を把握しましょう。

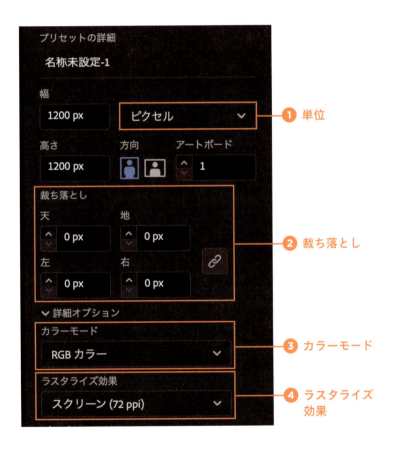

① 単位
② 裁ち落とし
③ カラーモード
④ ラスタライズ効果

各項目の意味と一般的な設定

画像と印刷物それぞれで使用する一般的な設定は以下の通りです。

	画像	印刷物
❶ 単位 アートボードやオブジェクトのサイズで使用する単位。	ピクセル	ミリメートル
❷ 裁ち落とし 印刷物を作る際に必要な設定。Webでは必要ありません。	0px	3mm
❸ カラーモード カラーパネルなどで色を作る際に使用する色の設定。	RGBカラー	CMYKカラー
❹ ラスタライズ効果 イラレの中で（パスではない）画像を作成した際の解像度。	スクリーン (72 ppi)	高解像度 (300ppi)

裁ち落としやカラーモードについては、SELECT5（P163〜）で解説

「方向」は幅と高さを入れ替える際に使用。「アートボード」は、1つのファイルに複数の制作物を作る場合にその数を入力します。

12 ファイルの準備をする

レイヤーでオブジェクトを分類しよう

「**レイヤー**」とは、オブジェクトを大まかに区分けするフォルダのような機能です。数枚のクリアファイルに、パーツを分けて入れるのをイメージしてください。

「イラスト」と「背景」で
レイヤー分け

重ねるとこう見える

● レイヤーごとにロックや非表示ができる

レイヤーごとにオブジェクトが選択されないように固定したり、一時的に非表示にしたりできます。

● 重ね順を操作しやすくなる

重ね順で「最背面へ」などを使っても、そのレイヤーの中で止まるので管理がしやすいです。

レイヤーを作成する

「レイヤー」パネルはプロパティなどに重なって表示されています。パネル下部にある「新規レイヤーを作成」で、レイヤーを追加しましょう。

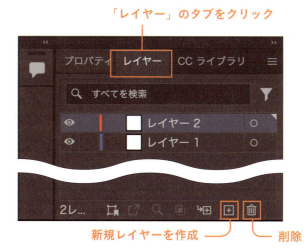

削除はレイヤーをクリックして青白い表示（上図のレイヤー2）にして、ゴミ箱アイコンをクリック。

レイヤー名をダブルクリックで、名前を編集できます。わかりやすい名前に書き換えましょう。

ダブルクリックでレイヤー名を編集

12 ファイルの準備をする

レイヤー内にオブジェクトを格納する

選択中のレイヤーには右に三角印が表示されます。新しいオブジェクトを作成した際は、この印があるレイヤーに格納されます。別のレイヤーに作成したい時は、レイヤー名周辺をクリックして三角を移動させてください。

コピーしたオブジェクトも、三角印があるレイヤーにペーストされます。

オブジェクトを作成していくと、レイヤー名左の「>」をクリックすると格納されているオブジェクトの一覧が表示されます。この中のオブジェクト名をドラッグして、別のレイヤーへ移動ができます。

選択中のオブジェクトとレイヤーの右に四角印がつきます。

レイヤーを非表示・ロックする

レイヤー名の左にあるアイコン（または空欄）をクリックすると、レイヤーを非表示およびロックできます。もう一度クリックすると元に戻せます。

表示／非表示

ロック

● 表示／非表示

レイヤー内のオブジェクトを一時的に非表示にできます。

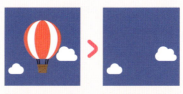

「イラスト」レイヤーの全てが見えなくなる

● ロック

レイヤー内のオブジェクトが全て選択できなくなります。

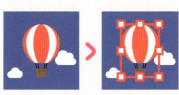

ロックした「背景」は選択できない

13 テキストを作成する

<u>見出しや本文を作ろう</u>

デザインに入れるテキストの作り方と
大きさやフォントなどの基本的な設定を説明します。

STEP 5 デザイン

テキストの使い方

イラレで作成したテキストは、パスと同様に独立して動かせるオブジェクトの一種です。選択ツールで選択し、塗りや線の色を設定したり、変形したりできます。

HOW TO USE TEXT

プロパティパネルから
塗りや線の色を設定

縦書きもできる！

テキストを作成する

「**文字ツール**」に切り替え、アートボード上をクリックすると、縦線が点滅した状態になります。この時にテキストの入力が可能です。

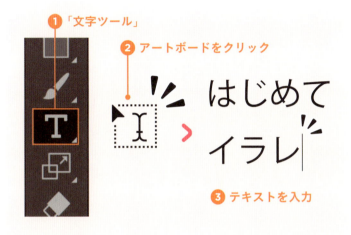

❶「文字ツール」
❷ アートボードをクリック
❸ テキストを入力

▶ 文字入力を終えたい時

文字ツールで別の場所をクリック。

▶ 文字を後から編集したい時

文字ツールで編集したいテキストをクリック。

縦書きの文字の作成には、「文字ツール」の中に格納されている「文字（縦）ツール」を使ってください。

13 テキストを作成する

テキストを設定する

フォントなどの基本的な設定は、テキスト選択中のプロパティパネルに表示される「**文字**」と「**段落**」から変更できます。

文字個別の見た目の設定を「文字」で、文章全体の設定を「段落」で行います。

プロパティパネルでの文字設定

プロパティの「文字」では、選択中の文字のフォントと太さ、文字サイズ、行間の広さ、文字同士の間隔を設定できます。

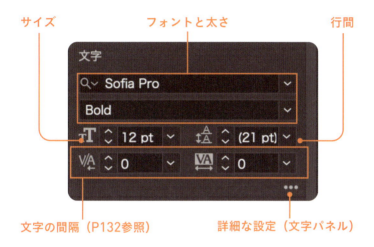

13 テキストを作成する

テキストの一部だけを編集する

テキストの一部だけを大きくしたり色を変えたりするには、文字ツールで編集したい部分をドラッグして反転表示にし、フォントや色などを編集してください。

「段落」を変更する

テキストは最初は左揃えで入力されます。これを右揃えや中央揃えにするには、テキストを選択してプロパティの「段落」から設定します。

右側の4つのボタンは長文テキストで使用します。詳しくはP135〜136参照。

フォントを増やすには?

フォントの種類を増やしたいなら、Adobeが提供しているフォントサービス「Adobe Fonts」がオススメです。Adobeソフトの利用者であれば、追加料金なしで様々なフォントを利用できます。

Creative CloudアプリからAdobe Fontsへ

「フォント(ファミリー)を追加」でフォントが追加されます。

14

美しいレイアウトにしよう！
オブジェクトを整列する

オブジェクトの位置を中央や端で揃えるために「整列」の仕方を覚えましょう。

位置を揃えるなら「整列」

レイアウト作業をする際、イラストなどの位置を中央や端で統一するのがデザインの基本です。「整列」機能を使って、美しくレイアウトしていきましょう。

中央で揃える　　端で揃える

STEP 5
デザイン

整列の使い方

「整列」はオブジェクトを選択した際のプロパティに表示されます。複数のオブジェクトを選択し、揃えたい方向のアイコンをクリックしてください。

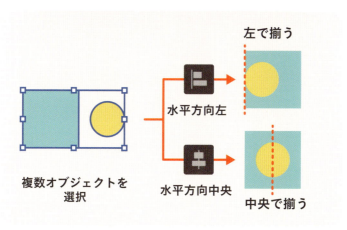

グループ化して整列

複数のパスをグループにする（P74）と、配置はそのままで他のオブジェクトと整列できます。

14 オブジェクトを整列する

アートボードに整列させる

オブジェクトをアートボードの中心などで揃えることもできます。整列の左のアイコンを開き、「選択範囲に整列」を「アートボードに整列」に変更してください。

選択対象が1つだけの場合は最初から「アートボード〜」です。

この状態で整列のアイコンをクリックすると、アートボードの中心や端に対してオブジェクトを整列できます。

整列前

アートボードの中央に整列

テキストの整列に注意！

テキストオブジェクトを整列した場合、フォントによっては意図しないズレが発生します。

垂直方向中央に整列しても、中央で揃わない

テキストはバウンディングボックス（P63）の下に余白があります。整列はこのボックスを基準に適用されるのがズレの原因です。

このズレの解決策はいくつかありますが、自分で移動させてズレを直すか、二次元バーコードの動画を参考に設定を変更してください。

作ってみよう！

イラストとテキストをレイアウトして、
簡単なバナー画像を作成してみましょう。
タイトル部分のフォントは
Adobe Fonts（P95）の『Sofia Pro』のBoldです。

画像の書き出しについて

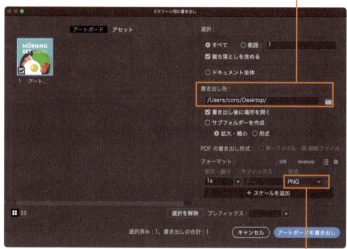

保存場所

保存形式

ファイル > 書き出し > スクリーン用に書き出しで、jpg や png などの画像に書き出すことができます。

作った画像は「#はじめてイラレ」でぜひSNSに投稿してみてください!

おさらいテスト

オブジェクトを分類するフォルダのような機能のことを [1] と言う。

テキストオブジェクトは [2] ツールで作成し、フォントなどはプロパティパネルの「文字」で、文字を揃える位置は [3] で設定する。

オブジェクトの位置を揃えるには [4] を使用する。

絶対に覚えておきたい重要ワードは以上です。
おつかれさまでした！

【答え】1：レイヤー　2：文字　3：段落　4：整列

SELECT 1

パスを使いこなしたい！

MISSION

**パスを編集し
簡単な装飾を作れるようになる**

☐ パスの形を編集する
☐ 機能でパスを加工する
☐ パスを自由に描く

動画でも
確認しよう！

15 パスの形を編集する

図形を改造してみよう

四角形などのパスを編集し
新しい形状を作成する方法を説明します。

SELECT 1 パス

パスの形状を編集する

パスを構成する点を個別に編集することで、別の形状を作ることができます。パスを構成する点を「**アンカーポイント**※」、点を結ぶ線を「**セグメント**」といいます。

※「アンカー」と表記される場合もあり。

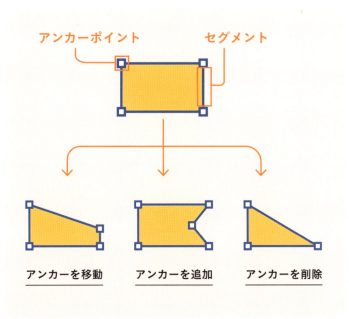

パスの形状を編集する

アンカーポイントを個別に編集するには、**「ダイレクト選択ツール」**で編集したいアンカーをクリックして選択します。選択されたアンカーだけ、中が青くなります。

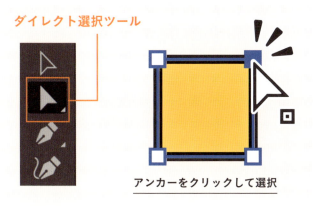

ダイレクト選択ツール

アンカーをクリックして選択

選択したアンカーは、ドラッグで移動やdeleteキーで消去などの編集ができます。自由に形状を変更してみましょう。

ドラッグで移動

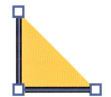

deleteキーで消去

deleteするとアンカーポイントの両サイドのセグメントが無くなり、線の色が表示されなくなります。

15 パスの形を編集する

アンカーポイントの追加・削除

アンカーポイントの追加や削除には「**ペンツール**」を使用します。まずパスを選択し、ペンツールに切り替えてセグメントやアンカーをクリックしてください。

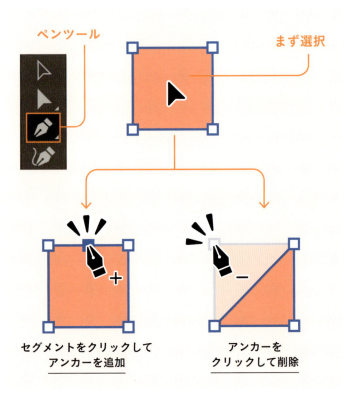

セグメントをクリックしてアンカーを追加

アンカーをクリックして削除

右上の方法でアンカーを削除した場合、セグメントは繋がったままなので線は消えません。

簡単な装飾を作ってみよう！❶

アンカーポイントの編集だけでもシンプルな装飾が作れます。下図を参考にチャレンジしてみましょう。

アンカーを追加して位置移動

長方形からアンカーを削除で斜めに

15 パスの形を編集する

曲線を編集する

曲線をダイレクト選択ツールで選択すると、接しているアンカーから「ハンドル」という棒が表示されます。これを操作することで、線の曲がり具合を編集できます。

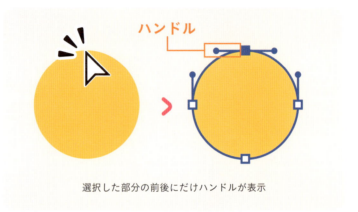

選択した部分の前後にだけハンドルが表示

ハンドルはアンカーを中心に前後1本ずつ伸ばすことが可能で、前後から伸びるハンドルの方向と長さによって曲がり方が変化します。

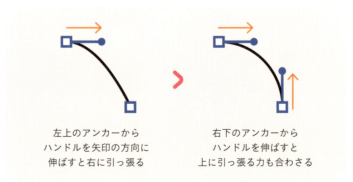

左上のアンカーから
ハンドルを矢印の方向に
伸ばすと右に引っ張る

右下のアンカーから
ハンドルを伸ばすと
上に引っ張る力も合わさる

ハンドルを操作してみよう

ハンドルの向きや長さは、ダイレクト選択ツールでハンドル先端の丸印をドラッグして編集できます。様々な曲がり方を試して感覚を掴みましょう。

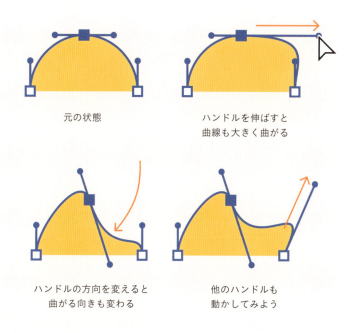

P15のゴム紐の例を思い出してください。アンカーの根本からゴム紐を引っ張るようなイメージです。

15 パスの形を編集する

ハンドルを折り曲げる

ダイレクト選択ツールでアンカーを選択し、「**アンカーポイントツール**」でハンドルの先をドラッグすると、片方のハンドルだけ方向を変更できます。すると下図のように、曲線をアンカー部分で折り曲げることができます。

選択した後でツールを切り替え

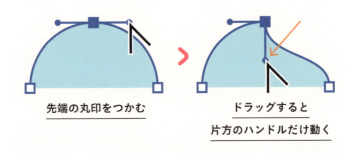

先端の丸印をつかむ　　ドラッグすると片方のハンドルだけ動く

アンカー部分が滑らかな曲線の状態（左図）をスムーズポイント、折れた状態（右図）をコーナーポイントと言います。

ハンドルの削除・作成

アンカーポイントツールで下図のようにアンカーをクリックすると、ハンドルを削除できます。

また、アンカーからドラッグすると、ハンドルを新しく作成することもできます。

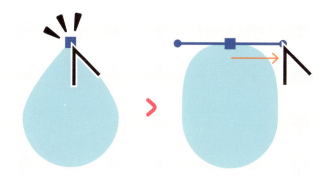

16 機能で パスを加工する

便利ツールを使ってみよう！

パスを便利な機能で加工し
定番の装飾を効率的に作成しましょう。

SELECT 1 パス

定番ツールはこれ！

イラレには、様々な形状を効率的に描くための機能がたくさんあります。その中から、初心者でも使えた方がいい代表的なものを紹介します。

角を丸くする

角を増減する

パスを組み合わせる

パスを繰り返す

角を丸くする

パスの尖った部分を丸くしたい時は「**ライブコーナー**」が便利です。ダイレクト選択ツールで選択すると、角の部分に下図のような丸印が表示されます。これを内側にドラッグすると形状が丸くなります。

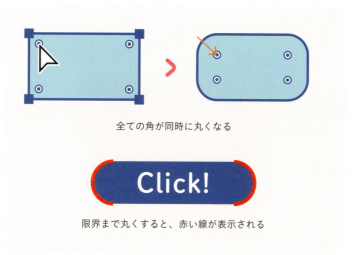

全ての角が同時に丸くなる

限界まで丸くすると、赤い線が表示される

また、ダイレクト選択ツールで特定の角のみを選択して丸印をドラッグすると、一部の角だけを丸くできます。

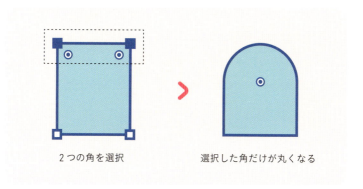

2つの角を選択　　　選択した角だけが丸くなる

16 機能でパスを加工する

角を増減する

「**多角形ツール**」と「**スターツール**」を使えば、六角形や星型のパスを素早く作成することができます。長方形ツールなどと同様に、アートボード上でドラッグして使用します。

「多角形ツール」は最初は六角形が描かれますが、右のひし型のスライダーを上下させることで、角の数を増減して三角形や八角形などに変更できます。

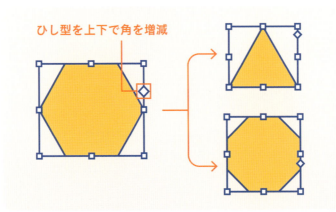

ひし型を上下で角を増減

「スターツール」は五角の星が描かれます。右上のスライダーで角の数を増減できる他、角の白い丸印で角の大きさも変更できます。

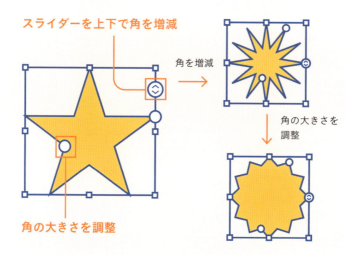

さらに
ライブコーナーで
丸くしても
可愛くなります。

16 機能でパスを加工する

パスを組み合わせる

複数のパスを組み合わせて、新しい形状のパスを作成する機能を「**パスファインダー**」と言います。複数パスを選択した際のプロパティパネルに表示されており、アイコンのいずれかをクリックすることで使用できます。

SELECT 1
パス

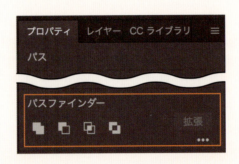

複数のパスを選択時に表示

正方形と正円を重ねる

合体してハート型に！

パスファインダーの基本

パスファインダーにはいくつか種類があり、同じパスでも結果が異なります。

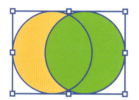 

重ねた2つの正円で、パスファインダーを試してみましょう

合体
重なっているパスを合体する。

前面オブジェクトで型抜き
最背面のパスが、前面にあるパスと重なった部分を削除される。

交差
パスの重なっている部分だけを残す。

除外（中マド）
パスの重なっている部分を削除する。

16 機能でパスを加工する

> **パスを繰り返す**

同じパスを繰り返し並べたい時は「**リピート**」という機能が便利です。リピートには3種類ありますが、ここではパスを円形に並べる「**ラジアル**」を紹介します。

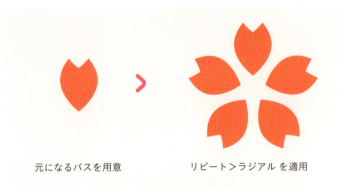

元になるパスを用意 　　　　リピート>ラジアル を適用

リピートはコンテキストタスクバーのアイコンなどから使用できます。今回はラジアルを選択してください。

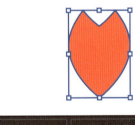

なお、グリッドは縦横に敷き詰めたい時に。
ミラーは左右対称に並べたい時などに使用します。

リピート>ラジアル の操作

ラジアルを適用すると、パスの複製（インスタンス）が円形に 8 個配置されます。複製の数などは選択時に表示されるスライダーなどで操作します。

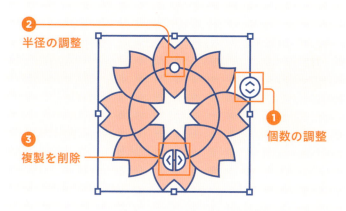

❶ 個数の調整
上下させると、複製の数を増減できます。

❷ 半径の調整
ドラッグで、複製を配置している円のサイズを調整できます。

❸ 複製を削除
下のスライダーを円に沿って動かすと、その範囲の複製を非表示にできます。

16 機能でパスを加工する

SELECT 1 パス

リピートの元のオブジェクトを編集する

リピートしたパスの形状を修正するには、編集したいパスを選択ツールでダブルクリックしてください。グループ編集モード（P76）と同じ状態になり、そこでパスを修正すると全ての複製にも反映されます。

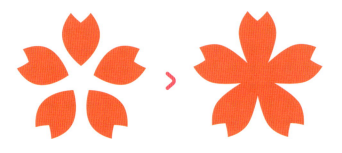

ダブルクリックで編集モードへ　　修正は全ての複製に反映

リピートしたパスを普通のパスのように編集したい

リピートなど特殊な機能を使ったパスは、通常のパスのように自由な編集（花びらを1つだけ色を変えるなど）ができない場合もあります。

オブジェクト＞分割・拡張 を適用することで、見た目通りの普通のパスに変換できます。ただしリピートとしての操作はできなくなるので注意しましょう。

簡単な装飾を作ってみよう！❷

ここまでの機能を活用して、下図のような様々な装飾やアイコンを作成してみましょう。

17

ジグザク、曲線いろいろ
パスを自由に描く

直線や曲線の作成方法を学び
思い通りのパスを描けるようになりましょう。

SELECT 1
パス

色んな線を描いてみる

ペンツールで直線や曲線を1から作成することで、自由な形状のパスを描くことができます。かなり練習が必要ですが、イラストやロゴを描くには必須の機能です。

ペンツールで直線を描く

ペンツールでアートボードをクリックすると、アンカーポイントが作成されます。そのまま別の場所をクリックするとさらにアンカーが作成され、直線で繋がります。

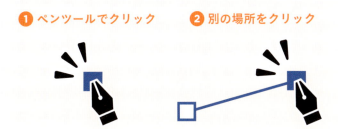

❶ ペンツールでクリック
❷ 別の場所をクリック

このままアンカーの作成を続けて、直線でできたパスを作成しましょう。最後に、一番最初のアンカーをクリックして一周させることで、作成が終了します。

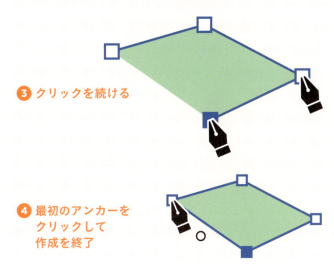

❸ クリックを続ける

❹ 最初のアンカーを
  クリックして
  作成を終了

17 パスを自由に描く

パスの作成を中断する

ペンツールでパスを作成している途中でescキーを押すことで、パスの作成を中断できます。

途中でescキーを押す　　　一周しない開いた状態に

パスの作成を再開する

開いた状態のパスは、先端のアンカーをペンツールでクリックすることで、作業を再開することができます。

先端のアンカーをクリック　　　続きを描ける

開いたパスを「オープンパス」、一周して閉じたパスを「クローズパス」と言います。

ペンツールで曲線を描く

ペンツールは曲線を描くこともできます。アンカーポイントを作成する際に、クリックした時にドラッグをするとハンドルが伸びて曲線になります。

こんなイラストも描けるようになります！

❶ ペンツールでアンカーを作成する時に

❷ ドラッグするとハンドルが伸びて曲線になる

❸ ドラッグを終了すると、アンカーの作成が続けられます

17 パスを自由に描く

折れ曲がった曲線を描く

パスの作成の途中で、Option（Alt）キーを押しながらハンドルを動かすと、進行方向のハンドルのみを動かして、折れ曲がった曲線を描くこともできます。

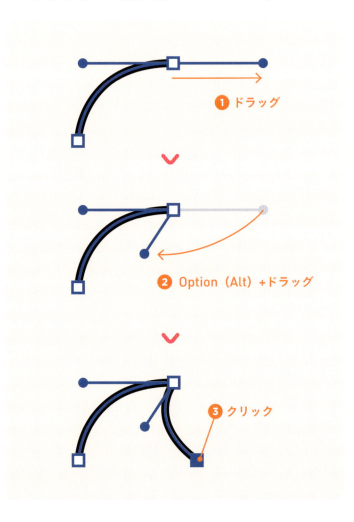

曲線の練習をしてみよう!

ペンツールで曲線を自在に描けるように、さくらんぼのイラストを描いて練習してみましょう。

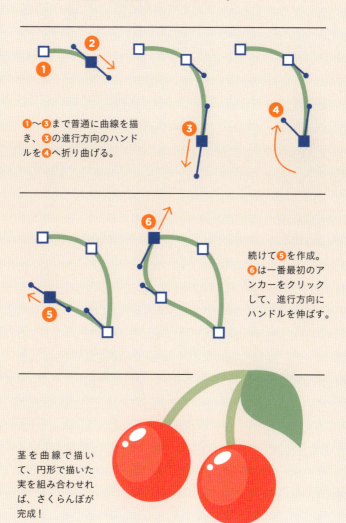

❶〜❸まで普通に曲線を描き、❸の進行方向のハンドルを❹へ折り曲げる。

続けて❺を作成。❻は一番最初のアンカーをクリックして、進行方向にハンドルを伸ばす。

茎を曲線で描いて、円形で描いた実を組み合わせれば、さくらんぼが完成!

17 パスを自由に描く

曲線ツールで曲線を描く

ペンツールで曲線を綺麗に描くのは、かなり練習が必要です。滑らかな曲線を手軽に描きたい場合は「**曲線ツール**」を使うのも良いでしょう。

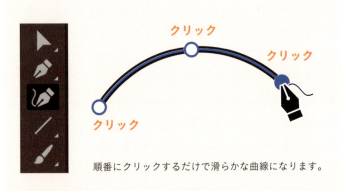

順番にクリックするだけで滑らかな曲線になります。

また、曲線ツールでセグメントをドラッグすることで、線を直感的に曲げることができます。

> 鉛筆ツールで線を描く

「**鉛筆ツール**」でアートボード上をドラッグすると、フリーハンドでパスの線を描くことができます。手書き風のパスを作成したい時に便利です。

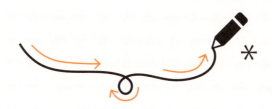

ペンツールとの使い分け

曲線ツールは自動で滑らかな曲線になるため、複雑な線が苦手です。鉛筆ツールもどうしても大雑把な線になるため、厳密なパス制作は厳しいです。ペンツールなら手間はかかりますが、どんな線でも描けます。それぞれの特性を活かして使い分けましょう。

ペンツールをマスターしよう！

ペンツールを自在に使いこなせるように、イラストをトレースして練習しましょう。練習用ファイルは公式サイトからダウンロードできます。以下のURLまたは二次元バーコードからアクセスしてください。

ダウンロードサイト
https://book.impress.co.jp/books/1123101055

※注意事項※
・ダウンロードには、無料の読者会員システム「CLUB Impress」への登録が必要となります。
・本特典の利用は、本書をご購入いただいた方に限ります。
・有償、無償にかかわらず、本特典を配布する行為、インターネット上にアップロードする行為、販売行為は禁止します。ご自身で練習したトレースイラストの発表を目的としてSNSで投稿するのは問題ありません。

SELECT 2

テキストを使いこなしたい！

MISSION

テキスト設定の
基礎を覚える

☐ 文字の余白を設定する
☐ 特殊なテキストを作成する

動画でも
確認しよう！

18 文字の余白を設定する

美しい文字組の基本！

文字同士の余白の
基本的な設定方法を説明します。

余白でクオリティアップ！

テキストは文字の形によって間の余白に差が出て、バランスが悪く見える場合があります。その余白を個別に調整するための文字の設定を「**カーニング**」と言います。

▼日本語はデフォルトでは等間隔に並ぶ

ちょうど良い余白

▼文字によって余白に差が出る

ちょうど良い余白

↓ カーニングを調整 ↓

ちょうど良い余白

作例はAdobe Fonts（P95）の「貂明朝」を使用

微調整するだけでさらに
美しくなります

カーニングを自動調整する

カーニングはテキスト選択時のプロパティから設定します。一般的には右の矢印ボタンから選択できる「==メトリクス==」か「==オプティカル==」という自動調整で充分です。

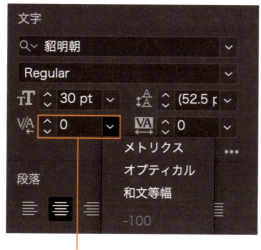

カーニング

どうしても手動で細かく調整が必要な時は、数値で個別調整できます。

メトリクスとオプティカルの使い分け

フォントごとに決まっている余白設定にするのがメトリクスで、イラレが文字の形から自動調整するのがオプティカルです。余白設定が無いフォントもあるので、まずメトリクスを使い、変化がなければオプティカルにしましょう。

18 文字の余白を設定する

トラッキングで全体を整える

文字同士の余白を個別調整するカーニングに対して、選択しているテキスト全体の余白を一律で調整する設定が「**トラッキング**」です。数値に合わせて間隔が増減します。

トラッキング

数値は右の矢印から選ぶか、直接数値を入力してください。

トラッキング 0

トラッキング 200

トラッキング -100

数値は1000で1文字分の余白になります。

19 特殊なテキストを作成する

バリエーションを増やそう

長文やアーチ状の見出しなど
特殊なテキストの作成方法を説明します。

長文用のテキストを作成する

文字ツール（P91）でドラッグすると、パスの枠が作成され、枠内にテキストを入力できるようになります。これを「**エリア内文字**」と言います。

文字ツールでドラッグ

パスの中にテキストを入力できるようになり、パスの形に合わせて自動的に改行されます。

ちなみに普通のテキストオブジェクトは「ポイント文字」と言います。

19 特殊なテキストを作成する

文章の段落を設定する

エリア内文字はデフォルトの状態だと、右端の文字の位置が不揃いになってしまいます。プロパティの「段落」（P94）から「均等配置」にすると、両端がまっすぐ並ぶように文字間を自動調整してくれます。

一番右のボタンは全てのテキストが「両端揃え」になります。

通常の左揃え

長文で文字の端が揃っていないと、ガタガタして不格好に見えます。綺麗に整えるようにしましょう。

均等配置（最終行左揃え）

長文で文字の端が揃っていないと、ガタガタして不格好に見えます。綺麗に整えるようにしましょう。

テキストを曲線に合わせる

曲線のパスを文字ツールでクリックすると、パスに合わせてテキストを並べることができます。

❶ 文字ツールでパスをクリック

アイコンが上図のようになったらクリック

❷ テキストを入力

元のパスの塗りや線は消えます

❸ 位置や段落を調整

ダイレクト選択ツールでドラッグしてテキストの端を移動

ダイレクト選択ツールでドラッグして全体を移動

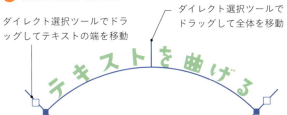

中央揃えにするには段落（P94）で設定

テキストの「アウトライン」って何？

テキスト選択時のプロパティパネルに「アウトラインを作成」という操作があります。これは選択中のテキストを「文字の形をしたパス」に変換する機能です。

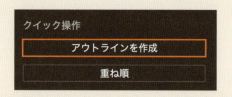

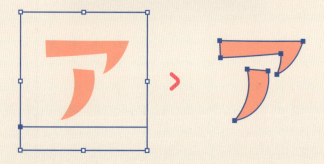

アウトライン化すると、通常のパスと同様に編集ができます。位置を自由に並び替えたり、一部をイラストに変えるなど、ロゴ制作などの際に便利です。

また、イラレのファイルを他人と共有する際に、相手のPCにも同じフォントがないとエラーになってしまいます。しかし、アウトライン化するとただのパスになるので、フォントがなくても問題なく表示できます。ただし、一度アウトライン化すると、テキストとしての編集はできなくなります。

SELECT 3

画像を配置したい！

MISSION

**写真やイラストを
デザインで使えるようになろう**

☐ 画像を配置する
☐ 画像を切り抜く

▶ 動画でも
確認しよう！

20 画像を**配置する**

写真やイラストを使おう

写真やイラストなどの画像を
イラレ上で使用する基本を説明します。

自分で用意した写真やイラストを配置する

写真やイラストなどの画像ファイルも、オブジェクトの1つとして使用できます。PC内にある画像ファイルをアートボードに直接ドラッグ＆ドロップしてください。

Finder（Macの場合）などから直接ドラッグ

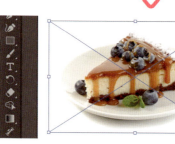

画像をオブジェクトとして操作可能に

画像の使い方

画像オブジェクトも選択してバウンディングボックスを操作することで、移動や拡大などの変形を行えます。

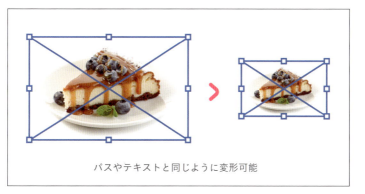

パスやテキストと同じように変形可能

また、不透明度（P53）で半透明にしたり、この後に説明する「**クリッピングマスク**」（P144）で形を切り抜くことが可能です。塗りや線の設定はできません。

不透明度を下げて半透明に　　クリッピングマスクで切り抜く

画像自体の編集（合成や色味など）は他のソフトで行います。

20 画像を配置する

画像の配置の種類

アートボード上に配置した画像には「**リンクファイル**」と「**埋め込み**」の2つの状態があります。画像を選択した際にバツ印が表示されるのがリンクファイルです。

リンクファイルは、ファイルの外にある画像をイラレのファイル上で表示している状態。埋め込みは、画像をコピーしてイラレのファイル内に取り込んだ状態です。

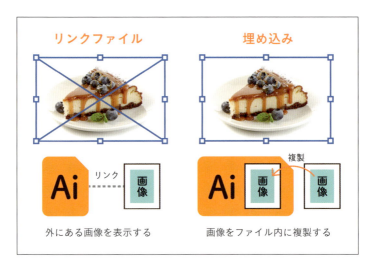

リンクファイルと埋め込みの変更

これらの状態は、画像選択時のプロパティパネルの「埋め込み」「埋め込みを解除」で変更できます。

リンクファイルの注意点

リンクファイルで注意が必要なのは、元の画像ファイルの扱いです。元画像の消去や移動をした場合、イラレ上の画像オブジェクトがエラーになってしまいます。

エラーが出てもリンクを繋ぎ直せば使えるようになりますが、例えば、他人にイラレファイルを共有する際にはリンクした元画像ファイルも一緒に渡すなどの注意が必要です。

埋め込みの注意点

埋め込みは画像自体をファイル内に複製するので、複雑なファイル管理が不要です。しかし画像の分だけファイルサイズが重くなるなどのデメリットもあります。

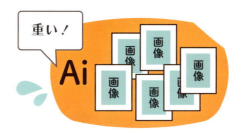

21 クリッピングマスクで画像を切り抜く

画像などのオブジェクトを
パスの形で切り抜く方法を説明します。

好きな形に画像を切り抜く

画像の前面にパスを作成し、両方を選択してプロパティの「**クリッピングマスクを作成**」をクリックしてください。すると画像がパスの形に切り抜かれます。

① パスを作成し画像とパス両方を選択

パスの塗りや線は消えるので何でも良いです。

② クリッピングマスク

パスの形に画像が切り抜かれる

クリッピングマスクの中身を編集する

クリッピングマスクで切り抜かれた部分は実際に消えたわけではなく、パス内に残っています。ダイレクト選択ツールで中の画像だけを選択することで、切り抜く位置の編集などができます。

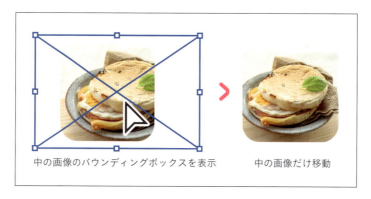

中の画像のバウンディングボックスを表示　　中の画像だけ移動

クリッピングマスクを解除する

選択ツールでクリッピングマスクされたオブジェクトを選択し、プロパティパネルから「マスクを解除」することで、枠になったパスと画像を分離できます。

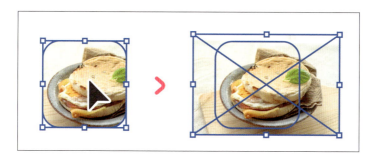

複雑な切り抜きをしたい場合

クリッピングマスクはパスの形に切り抜く機能のため、髪の毛のような繊細な対象を切り抜くには不向きです。

細かい毛の隙間まで切り抜くのは難しい

その場合はPhotoshopなどの画像編集ソフトで加工を行い、PSD（Photoshopのファイル）やPNGなど、透過が可能なファイル形式で画像を作成しましょう。

Photoshopが使えない人は、Adobe Expressというソフトで、画像の自動切り抜きがオススメです。

SELECT 4

表現の幅を広げたい！

MISSION

簡単なパスの
装飾をできるようになる

□ 塗りや線を重ねる
□ パターンを適用する
□ 効果を適用する

動画でも
確認しよう！

22

アピアランスを使いこなそう

塗りや線を**重ねる**

パスやテキストに
複数の塗りや線を設定する方法を説明します。

アピアランスでパスにフチをつける

ウィンドウ＞アピアランスから、アピアランスパネルを開きましょう。選択オブジェクトの塗りや線が表示されており、複数の塗りや線を重ねることができます。

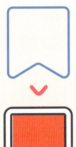 

一つのパスに2つの線を適用した図

「フチ文字」もこのパネルで作れます。

線の位置を変更する

アピアランスの「線」をクリックすると「線パネル」が表示され、線の細かな設定ができます。その中の「線の位置」で、パスに対して線をどの位置に表示するかを変更できます。

❶「線」をクリック

❷「線の位置」を変更

青い線がパスの形で、中央、内側、外側に線を表示できます

22 塗りや線を重ねる

塗りや線を追加する

アピアランスパネル左下の「**新規線を追加**」などから、塗りや線を追加できます。追加した線などは、このパネルから個別に色や線幅を設定することが可能です。

新規線を追加
新規塗りを追加
塗りなどの複製や削除

アピアランスパネル上の色のアイコンなどから個別に調整

塗りや線の重ね順を入れ替える

塗りや線の重ね順を入れ替えるには、アピアランスパネルから塗りなどをドラッグで移動させてください。文字やアイコンがない部分を掴むのがコツです。

塗りを上へドラッグ

文字などがない部分をつかんでドラッグ

線で隠れていた塗りが前面に表示される

22 塗りや線を重ねる

「フチ文字」を作る

テキストのアピアランスは少し特殊で、通常の塗りや線はアピアランスパネルには表示されず、重ね順を入れ替えることもできません。

プロパティパネルから線の太さを変えると、上図のように、塗りが潰れてしまう

フチ文字を作るには一度テキストの塗りや線を「なし」（P55）の状態にし、アピアランスパネルから新規塗りと線を追加（P150）してください。この方法の塗りや線はパスと同様に重ね順を変更できます。

新規塗り線を追加し、線を背面に移動させるとフチ文字に

「謎のトゲ」について

文字の形によってフチ文字に謎のトゲが出現します。その場合は線パネル（P149）から「比率」の数値を2〜4程度に変更すると解消されます。

動画でも解説

YouTubeより｜トゲの出ない袋文字のつくりかた

「文字」と「テキスト」の違い

テキストのアピアランスには「文字」と「テキスト」の2種類があり、フチ文字を使いこなすにはこの違いを理解することが必要です。

動画でも解説

YouTubeより｜「文字」と「テキスト」のつかいわけ

23 パターンを適用する

もっと華やかな模様を使いたい！

塗りや線には色以外の様々な装飾を適用可能です。代表して「パターン」の使い方を紹介します。

塗りや線に模様をつけよう

「**パターンスウォッチ**」は塗りや線の中に、模様を繰り返し表示する機能です。単色のスウォッチ（P55）と同じように塗りや線に適用できます。

塗りにパターンを適用した場合

テキストにも使えます

SELECT 4
表現

スウォッチライブラリから選ぶ

パターンは予め用意されたものを使えます。**ウィンドウ＞スウォッチライブラリ＞パターン**からテーマを選択すると、様々なパターンが入ったパネルが表示されます。

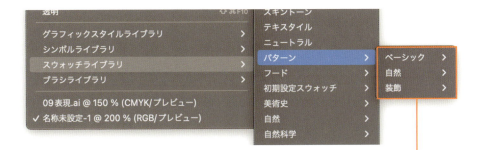

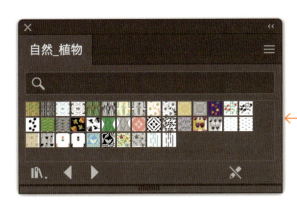

左下の矢印で、前後のテーマに切り替えもできます

パターンは自作もできます。興味がある人は右の動画などを参考にしてください。

23 パターンを適用する

パターンスウォッチを適用する

パスなどにパターンを適用しましょう。前ページで表示したパネルからパターンスウォッチをクリックすると、塗りや線にパターンが適用されます。

ツールバー下段に選択オブジェクトの塗りと線の色が表示されており、クリックで前後を入れ替えることができます。手前にある方がスウォッチの対象になります。

「塗り」をクリックして手前にする

一度使ったものはプロパティのスウォッチからも選べるようになります。

その他の装飾について

パターン以外に「グラデーション」や「ブラシ」など、様々な装飾機能があります。本書では省略しますが、興味があれば他の書籍や動画などで調べてみてください。

● グラデーション

ウィンドウ＞スウォッチライブラリ＞グラデーションにサンプルがあり、塗りや線に適用できます。細かな調整は「グラデーションツール」を使用。

● ブラシ

線を筆や鉛筆で描いたような見た目に変更できます。ウィンドウ＞ブラシライブラリの中にサンプルがあり、「ブラシツール」で使用できます。

● 破線

線を点線のような見た目に変更できます。「線パネル」から「破線」のチェックをオンにすることで使用できます。やや設定が複雑。

24 効果を適用する

影をつけたり立体にしたり

オブジェクトをより目立たせる
特殊な演出や加工をする方法を説明します。

影や3D加工をやってみる

「**効果**」を適用すると、オブジェクトに影をつけたり、立体にしたりと様々な加工ができます。今回は代表例として「ドロップシャドウ」という効果を紹介します。

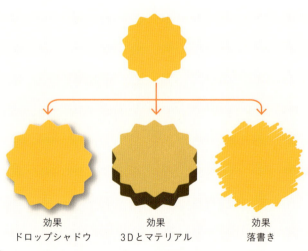

効果
ドロップシャドウ

効果
3Dとマテリアル

効果
落書き

効果は種類が多いので、
必要なものから少しずつ覚えていけばOKです。

効果の使い方

オブジェクトを選択し、プロパティパネルのアピアランスの「fx」ボタン※から効果を適用します。今回は **スタイライズ＞ドロップシャドウ** を使用してください。

※メニューの「効果」からも同様に選択できます。

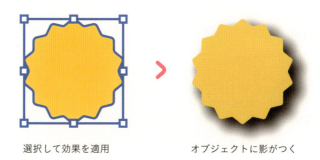

選択して効果を適用 　　　オブジェクトに影がつく

❶「fx」を開く

❷ 効果を選ぶ

効果選択後の操作は次ページで説明。

24 効果を適用する

効果を設定する

効果は適用時に表示されるウィンドウから、加工の強さなどを細かく設定できます。目的に応じて微調整して使いましょう。

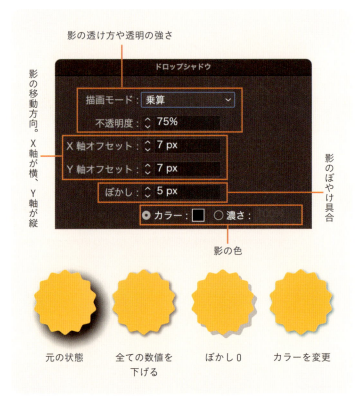

そのままだと影が濃くて野暮ったくなりがち。自然な感じに調整しましょう。

効果を修正・削除する

適用した効果は、プロパティパネルから効果名をクリックすることで再編集できます。また、ゴミ箱アイコンから効果を削除もできます。

効果の編集　　　効果の削除

アピアランスを分割

効果による変化はあくまで見た目だけのシミュレーションで、実際にパスの形が変わったり、影のオブジェクトが追加されるわけではありません。実際のオブジェクトとして反映させたい場合は、**オブジェクト＞アピアランスを分割**を適用してください。

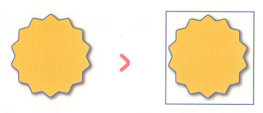

「影」はパスにはない　　　分割で「影」が画像に変化する

「アピアランス技」について

ドロップシャドウ以外にも様々な効果があり、例えばパスを移動や変形させるものもあります。また、複数の効果を重ねたり、特定の塗りや線にのみ適用もできます。

動画でも解説

線だけを「効果 変形」で移動させた場合

これらを組み合わせて、複雑な表現を作ることも可能です。正式な用語ではありませんが、これをアピアランス技といいます。初心者には少しハードルが高いですが、覚えると表現方法が増えるので興味のある方は動画などで調べてみてください。

動画でも解説

SELECT 5

印刷物を作りたい！

MISSION

印刷用データの
初歩を知る

☐ 印刷データはどう作る？

動画でも
確認しよう！

25 名刺とかを作りたい！印刷データはどう作る？

印刷会社で印刷をしてもらうための初歩的な設定や知識を説明します。

印刷用のファイルを作成する

印刷物を作成するには、新規ファイル作成（P22）の際に、「印刷」タブからプリセットを選択し、幅と高さを設定してください。

❶ 「印刷」を開く
❸ サイズを決める

❷ プリセットを選ぶ

「印刷」の場合、数値の単位がピクセルではなくミリに変わるので注意

SELECT 5 印刷物

> 設定を確認する

印刷用のファイルに必要な設定とは、まずカラーモードを「**CMYKカラー**」にすること。そして「**裁ち落とし**」を3mmにすることです。「印刷」用のプリセットでは元々そうなっています。

「裁ち落とし」が3mm

「カラーモード」が「CMYKカラー」

新規ドキュメントの右側で設定を確認できます

25 印刷データはどう作る？

「CMYK」で作成する

バナーなどのWebやモバイル用の画像データはRGB（P57）の3色で表現しますが、印刷物はCMYKの4色のインクで表現するのが基本です。

C：シアン　　M：マゼンダ　　Y：イエロー　　K：ブラック

CとYを点描のように重ねて表現しています。（上図はイメージです）

カラーモードとは、RGBとCMYKのどちらでファイルを制作するかの設定です。Webやモバイル用の画像は「RGBカラー」で、印刷物は「**CMYKカラー**」で作成すると覚えましょう。

SELECT 5　印刷物

RGBで作成したオブジェクトを印刷物で使いたい

RGBのオブジェクトをCMYKファイルにペーストすると自動でCMYKに変換されます※。しかしCMYKでは再現できない色もあるため色味がやや変化します。

※配置する画像オブジェクトはPhotoshopなどで変換

一度変化した色は元に戻らないので注意

CMYKの合計値に注意

カラーパネル（P56）のCMYKの合計値は、およそ300以下にしましょう。この数値はつまり使用するインクの量で、多すぎると水分のせいで乾きにくくなったり、紙が歪んだりする恐れがあります。

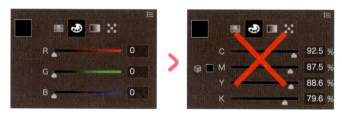

RGBの黒はCMYKに変換すると不適切な合計値になるので修正が必要

25 印刷データはどう作る？

「裁ち落とし」を作成する

印刷物は、周囲に3mmほど余分に色を塗る必要があります。この余分な範囲の設定を「裁ち落とし」といい、アートボード周囲に赤い線として表示されます。端まで印刷したいオブジェクトは、この赤い線まで伸ばして作成してください。

完成予想図
こんなデザインの時は

実際のデータ
赤い線まではみ出して作る

ちなみに裁ち落としまで伸ばした余白部分を「塗り足し」と言います。（イラレ上では使わない印刷用語）

裁ち落としの仕組み

印刷会社では大きな紙に印刷し、「**トリムマーク**※」に沿ってカットして印刷物を作成します。カットする際にわずかなズレが発生しても問題ないように、周囲に余分な塗りを作成する必要があります。　※「トンボ」とも呼ばれます

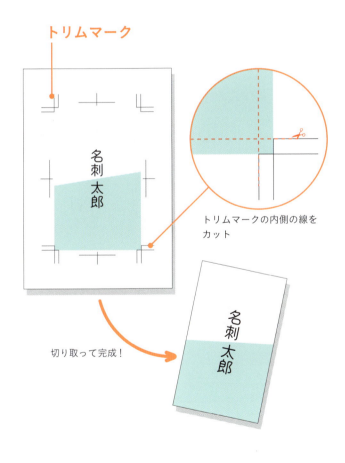

25 印刷データはどう作る？

入稿用PDFファイルを作成する

印刷会社へファイルを提出（入稿）する場合、指定されたテンプレートファイルにデザインを作成し、PDFファイルを提出する方法（PDF入稿）が一般的です。

ファイル＞書き出し＞書き出し形式[※] でPDFを作成できます。ファイル形式は「Adobe PDF（pdf）」を選択してください。

※2024年７月アップデートから。それ以前はファイル＞別名で保存 を使用。

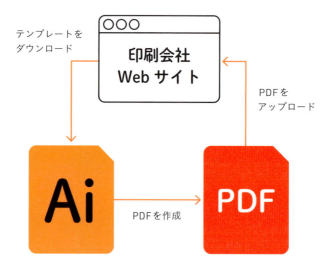

PDFの設定などは印刷会社によって異なります。必ず各社のWebサイトで確認をしてください。

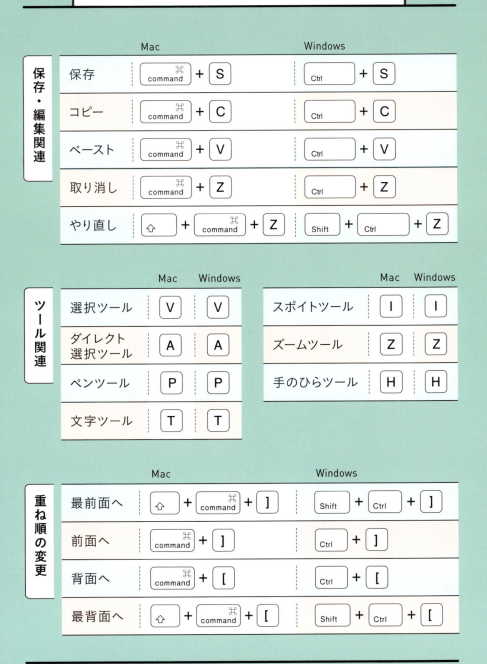

INDEX

アルファベット

Adobe Fonts ― 95
PDF ― 170
RGB・CMYK ― 57・85・165・166

あ

アートボード ― 33・82
アウトライン ― 138
アピアランス ― 51・148
アンカーポイント ― 104
アンカーポイントツール ― 110
埋め込み ― 142
エリア内文字 ― 135
鉛筆ツール ― 129
オブジェクト ― 10
オプティカル ― 133

か

カーニング ― 132
重ね順 ― 72
カラー ― 54
カラーモード ― 85・165
曲線ツール ― 128

クリッピングマスク ── 144
グループ ── 74
効果 ── 158
コンテキストタスクバー ── 49

さ

新規ファイルの作成 ── 22・82
スウォッチ ── 54
ズームツール ── 39
スポイトツール ── 59
整列 ── 96
セグメント ── 104
選択ツール ── 46
線幅 ── 53

た

ダイレクト選択ツール ── 105
裁ち落とし ── 85・165・168
段落 ── 94・136
ツールバー ── 34
手のひらツール ── 39
トラッキング ── 134
トリムマーク（トンボ） ── 169
ドロップシャドウ ── 159

INDEX

は

バウンディングボックス	63
パス	12
パスファインダー	116
パターン	154
パネル	36
ハンドル	108
表示・非表示	89
不透明度	53
プロパティ	38
ペンツール	106・122
保存	25
ホーム	22

ま・や・ら・わ

メトリクス	133
メニュー	32
文字ツール	91・135
ライブコーナー	113
リピート	118
リンクファイル	142
レイヤー	86
ロック	89
ワークスペース	24

これからのイラレの勉強について

　ここまで読み切ったあなたへ。まずは本当におつかれさまでした。もうバリバリとイラレを使いこなせるように…は、なっていないでしょう。まだ知らないツールや不便だなと思うことがたくさんあると思います。

　しかし、最低限の用語や初心者がつまずきやすいポイントは概ねクリアできています。あとは自分なりに使ってみて、やりたいことや疑問が出たら、その都度、自分で調べていきましょう。内容を読み取り、理解できるだけの知識は、すでにあなたの中にあるはずです。

　本書の冒頭でも書きましたが、全てを覚える必要はありません。あなたが必要だなと思うものから、少しずつ身につけていきましょう。初心者でもプロでも、僕らは一生勉強中です。

イラレ職人コロ

▶ **商品に関する問い合わせ先**

このたびは弊社商品をご購入いただきありがとうございます。
本書の内容などに関するお問い合わせは、下記のURLまたは二次元バーコードにある問い合わせフォームからお送りください。

https://book.impress.co.jp/info/

上記フォームがご利用いただけない場合の
メールでの問い合わせ先
info@impress.co.jp

※お問い合わせの際は、書名、ISBN、お名前、お電話番号、メールアドレス に加えて、「該当するページ」や「具体的なご質問内容」「お使いの動作環境」を必ずご明記ください。なお、本書の範囲を超えるご質問にはお答えできないのでご了承ください。

● 電話やFAXでのご質問には対応しておりません。また、封書でのお問い合わせは回答までに日数をいただく場合があります。あらかじめご了承ください。
● インプレスブックス(https://book.impress.co.jp/1123101055)では、本書を含めインプレスの出版物に関するサポート情報などを提供しておりますのでそちらもご覧ください。
● 該当書籍の奥付に記載されている初版発行日から3年が経過した場合、もしくは該当書籍で紹介している製品やサービスについて提供会社によるサポートが終了した場合は、ご質問にお答えしかねる場合があります。
● 本書の記載は2024年9月時点での情報を元にしています。そのためお客様がご利用される際には情報が変更されている場合があります。あらかじめご了承ください。

■ **落丁・乱丁本などの問い合わせ先**
FAX 03-6837-5023
service@impress.co.jp
● 古書店で購入されたものについてはお取り替えできません。

▶ **STAFF**

デザイン	細山田光宣　奥山志乃（細山田デザイン事務所）
イラスト	つまようじ（京田クリエーション）
DTP	柏倉真理子
校正	株式会社トップスタジオ
編集	宇枝瑞穂
編集長	和田奈保子

本書のご感想をぜひお寄せください

https://book.impress.co.jp/books/1123101055

＼ アクセスはコチラから ／

「アンケートに答える」をクリックしてアンケートにぜひご協力ください。はじめての方は「CLUBImpress（クラブインプレス）」にご登録いただく必要があります（無料）。アンケート回答者の中から、抽選で図書カード（1,000円分）などを毎月プレゼント。当選は賞品の発送をもって代えさせていただきます。
※プレゼントの賞品は変更になる場合があります。

はじめてイラレ
初心者でも Illustratorが
使えるようになる入門書

2024年10月21日　初版第1刷発行

著　者　イラレ職人コロ
発行人　高橋隆志
編集人　藤井貴志
発行所　株式会社インプレス
　　　　〒101-0051
　　　　東京都千代田区神田神保町一丁目105番地
　　　　ホームページ　https://book.impress.co.jp/

本書は著作権法上の保護を受けています。本書の一部あるいは全部について（ソフトウェア及びプログラムを含む）、株式会社インプレスから文書による許諾を得ずに、いかなる方法においても無断で複写、複製することは禁じられています。

Copyright©Kyohei Shoji. All rights reserved.
本書に登場する会社名、製品名は、各社の登録商標または商標です。本文では®マークや™は明記しておりません。

印刷所　シナノ書籍印刷株式会社
ISBN978-4-295-02038-7　C3055

Printed in Japan